JN280025

理工系の数学教室 2

複素関数とその応用

河村哲也—著

朝倉書店

はじめに

　本書は工学系など複素関数論を実際に使いこなす必要がある学生を対象とした複素関数論の入門書である．複素関数論は広い意味では複素数を変数にもつ関数の性質を議論する数学の1分野であるが，単に複素関数論といった場合には，1つの複素変数の関数を取り扱う．これは，かなり強い制約になっているが，逆にこのように制限することにより実変数の関数にはなかった多くの際立った性質が現れるとともに，実変数の関数を理解する上でも大きな手助けとなる．そして，複素関数論は数学の数ある理論のなかでももっとも洗練され，完成された分野のひとつになっている．また，そればかりでなく，複素関数論はポテンシャル論や流体力学，電磁気学等々，理工学の多くの分野に幅広い応用をもっており，理工学の学生が学ぶ応用数学において中心的な役割をもっている．本書は初学者に，このように美しくまた実際に役立つ複素関数論の一端にふれ，理解し，味わってもらうことを目的とした．そのため，本シリーズの他の巻と同様に，題材を限定した上で，わかりやすさを第一に考えて執筆した．また，複素関数論の応用面の効用についても類書よりは強調した．

　本書は8つの章から構成されているが，あえていえばこれらは3つの部分に分けることができる．まず1章から3章までは基礎部分で導入的な性格をもつ．次の4章から6章までは複素関数論としてもっとも興味深い中心部分である．これらの章から複素関数のもつ際立った性質が明らかになる．終わりの7章と8章はどちらかといえば応用に関連しており，複素関数論の効用を示す部分になっている．具体的に内容を記すと以下のようになる．

　第1章では複素数の定義や四則からはじめて，複素平面や複素数列について述べる．第2章では複素数の関数および微分について議論している．本章では特に複素関数が微分できるということが，実関数とどう違うのかを理解して欲しい．第3章では，実関数でもおなじみの指数関数や三角関数，対数関数など初等関数が複素関数にどのように拡張されるのかについて述べる．

　第4章では複素関数の積分について実関数の線積分と対比して導入したあと，

複素関数論で中心的な役割を果たすコーシーの積分定理を紹介する．そしてコーシーの定理から派生して出てくるいくつかの重要な定理や公式についても言及する．この章の議論から，複素関数はもし1回微分できれば何回でも微分できるという驚くべき性質をもっていることがわかる．第5章では，複素数のべき級数について簡単に議論したあと，いろいろな関数をべき級数の形で表すテイラー展開やローラン展開について説明している．そして，ローラン展開を用いて複素関数がもつ特異点を分類する．第6章は留数についての議論であり，留数を用いることにより，実関数の範囲では求めることが困難である実関数の複雑な積分が簡単に求まる場合があることを示す．

第7章では複素関数による写像を議論する．特に微分できる関数による写像は等角的（共形的）であることを示したあと，代表的な関数による写像について述べる．そして，この写像を用いることにより，理工学において重要な応用をもつラプラス方程式の境界値問題がきれいに解ける場合があることを示す．第8章は，複素関数論の最大の活躍の場であるとともに，複素関数をある意味で視覚的あるいは直感的にとらえる道具ともなる流体力学について詳しく説明している．

なお，話の筋を理解する上では，かえってわかりにくくなる定理の証明は割愛したり，例題や付録にまわした部分もある．こういった証明を取り扱った例題は本書をはじめに読むときには読み飛ばしてもらってもかまわない．

原稿は注意深く推敲したが，著者の浅学のため思わぬ不備や誤りがあることを恐れている．この点に関しては読者諸賢のご批評を頂いた上で順次改善していく予定である．

最後に本書の執筆にあたり，お茶の水女子大学理学部情報科学科の朝倉久美子さんと羽田みず恵さんにはめんどうな式のチェックを含む校正でご協力頂いた．また朝倉書店編集部の方々には本書の出版にあたり大変お世話になった．ここに記して感謝の意を表したい．

2004年8月

河 村 哲 也

目　　次

1. **複素数と複素平面** ………………………………………………… 1
   - 1.1　複　素　数 ……………………………………………………… 1
   - 1.2　複　素　平　面 ………………………………………………… 3
   - 1.3　複素数列と極限 ……………………………………………… 10

2. **正 則 関 数** ……………………………………………………… 13
   - 2.1　複素数の関数 ………………………………………………… 13
   - 2.2　複素関数の微分 ……………………………………………… 15
   - 2.3　コーシー・リーマンの方程式 ……………………………… 18
   - 2.4　正 則 関 数 …………………………………………………… 22
   - 2.5　有 理 関 数 …………………………………………………… 26

3. **初 等 関 数** ……………………………………………………… 28
   - 3.1　指 数 関 数 …………………………………………………… 28
   - 3.2　双 曲 線 関 数 ………………………………………………… 31
   - 3.3　三 角 関 数 …………………………………………………… 33
   - 3.4　べき乗根とリーマン面 ……………………………………… 36
   - 3.5　対 数 関 数 …………………………………………………… 42

4. **複 素 積 分** ……………………………………………………… 47
   - 4.1　複素関数の積分 ……………………………………………… 47
   - 4.2　コーシーの積分定理 ………………………………………… 54
   - 4.3　不 定 積 分 …………………………………………………… 62
   - 4.4　コーシーの積分公式 ………………………………………… 64

5. 関数の展開 · 74
- 5.1 べき級数 · 74
- 5.2 テイラー展開 · 78
- 5.3 ローラン展開 · 86
- 5.4 特異点の分類 · 90

6. 留数定理とその応用 · 95
- 6.1 留数定理 · 95
- 6.2 実関数の定積分の計算 · 99

7. 等角写像 · 111
- 7.1 複素関数による写像 · 111
- 7.2 等角写像の定理 · 115
- 7.3 1次関数 · 117
- 7.4 初等関数による写像 · 121
- 7.5 等角写像の応用 · 124

8. 流体力学と関数論 · 131
- 8.1 質量保存法則 · 131
- 8.2 渦なし流れと複素速度ポテンシャル · 134
- 8.3 簡単な流れ · 137
- 8.4 完全流体中の物体に働く力 · 141

付録 · 146
- コーシーの積分定理のグールサによる証明 · 146

略解 · 151

索引 · 164

複素数と複素平面

1.1 複 素 数

　正の実数どうしの積は正の実数であり，負の実数どうしの積も正の実数である．また，0どうしの積は0である．したがって，どのような実数を2乗しても負の実数になることはないが，本書では2乗すれば負の実数になるような仮想的な新しい数を考えることにする．

　いま，2乗して$-b^2$となるような数をbiまたは$-bi$と記すことにする．ここでbは実数であり，またiはふつうの文字のように計算できるが，iの2乗が出てくれば-1になる数，すなわち

$$i^2 = -1 \tag{1.1}$$

と約束する．iを虚数単位という．このようにすれば

$$(bi)^2 = b^2 i^2 = -b^2$$

$$(-bi)^2 = (-b)^2 i^2 = -b^2$$

となり，2乗すれば負の実数$-b^2$となる．biまたは$-bi$を虚数（純虚数）という．ただし，$b=0$のときbiは実数0と約束する．計算によってはi^3以上のべきが現れるが，このときも$i^2=-1$を使ってiの次数を下げることにする．たとえば，以下のように計算する．

$$i^3 = i^2 \cdot i = -i, \quad i^6 = (i^2)^3 = (-1)^3 = -1$$

　次に実数aと虚数biの形式的な和の形をした新しい数

$$\alpha = a + bi = a + ib \tag{1.2}$$

を導入する．このような数を複素数という．複素数で $b=0$ とすれば実数 a となるため，複素数はその特殊な場合として実数を含んでいるとみなせる．複素数の実数部分，すなわち，式 (1.2) の a を α の実数部または実部といい，虚数部分で i を除いた数，すなわち，式 (1.2) の b を α の虚数部または虚部という．そして実部および虚部をそれぞれ記号 Re と Im で表す．したがって，式 (1.2) では

$$\operatorname{Re}\alpha = a, \quad \operatorname{Im}\alpha = b \tag{1.3}$$

となる．複素数の虚部の符号を逆にした複素数をもとの複素数の共役複素数とよび，複素数の上にバーをつけて表す．すなわち，式 (1.2) の複素数の共役複素数は

$$\bar{\alpha} = a - ib \tag{1.4}$$

である．また，定義から共役複素数の共役複素数はもとの複素数になる．すなわち，

$$\bar{\bar{\alpha}} = \alpha \tag{1.5}$$

が成り立つ．複素数の実部と虚部をそれぞれ 2 乗して足した数の平方根をその複素数の絶対値とよび，実数と同じく絶対値記号をつけて表す．したがって，複素数 (1.2) の絶対値は

$$|\alpha| = \sqrt{a^2 + b^2} \tag{1.6}$$

である．

◇問 1.1◇ 2 つの複素数 $2+3i$, $-3-4i$ について，それぞれ実部，虚部，共役複素数，絶対値を求めよ．

2 つの複素数の実部および虚部がそれぞれ等しいとき，2 つの複素数は等しいと定義する．また複素数の四則は，前述のように虚数単位 i をあたかも文字のようにみなして実数と同じように計算することにより定義する．このとき，i^2 が現れた場合には $i^2 = -1$ を用いて実数で置き換える．具体的には 2 つの複素数

$$\alpha = a + ib, \quad \beta = c + id$$

の和，差，積，商は

$$\alpha + \beta = (a+ib) + (c+id) = (a+c) + i(b+d) \tag{1.7}$$

$$\alpha - \beta = (a+ib) - (c+id) = (a-c) + i(b-d) \tag{1.8}$$

$$\alpha\beta = (a+ib)(c+id) = ac + iad + ibc + i^2 bd = (ac-bd) + i(ad+bc) \tag{1.9}$$

$$\frac{\alpha}{\beta} = \frac{a+ib}{c+id} = \frac{(a+ib)(c-id)}{(c+id)(c-id)} = \frac{(ac+bd) + i(bc-ad)}{c^2 + d^2} \tag{1.10}$$

となる．ただし，商においては $\beta \neq 0$ と仮定し，また分母と分子に分母の共役複素数 $\bar{\beta}$ を掛けて分母を実数にしている．

例題 1.1
$\alpha = 2 + 3i$, $\beta = -3 - 4i$ のとき次の計算をせよ．
(1) $\alpha + \beta$, (2) $\alpha - \beta$, (3) $\alpha\beta$, (4) $\dfrac{\alpha}{\beta}$, (5) $\alpha\bar{\alpha}$, (6) α^2

【解】 (1) $\alpha + \beta = (2+3i) + (-3-4i) = (2-3) + (3-4)i = -1 - i$
(2) $\alpha - \beta = (2+3i) - (-3-4i) = (2+3) + (3+4)i = 5 + 7i$
(3) $\alpha\beta = (2+3i)(-3-4i) = -6 + 12 + (-9-8)i = 6 - 17i$
(4) $\dfrac{\alpha}{\beta} = \dfrac{2+3i}{-3-4i} = \dfrac{(2+3i)(-3+4i)}{(-3-4i)(-3+4i)} = \dfrac{(-6-12) + (8-9)i}{25}$
$= -\dfrac{18}{25} - \dfrac{1}{25}i$
(5) $\alpha\bar{\alpha} = (2+3i)(2-3i) = 4 + 9 = 13$
(6) $\alpha^2 = (2+3i)^2 = 4 - 9 + 12i = -5 + 12i$

◇**問 1.2**◇ $\alpha = 2 + 3i$, $\beta = -3 - 4i$ のとき次の計算をせよ．
(1) $\alpha - \bar{\beta}$, (2) $\dfrac{\alpha}{\bar{\beta}}$, (3) $\alpha\beta^2$

1.2 複素平面

複素数は実部および虚部を表す2つの実数の組からつくられているため，実部を x 座標，虚部を y 座標として平面内の1点として表すことができる．逆に平面内の1点は x 座標を実部，y 座標を虚部にとれば1つの複素数に対応づけられる．このように，平面内の1点と1つの複素数は1対1の対応をしてい

る．平面を複素数に対応させたとき，その平面を複素平面またはガウス（Gauss）平面という．たとえば，図 1.1 において点 P と点 Q は 2 つの複素数 $1+2i$ と $-2+i$ を表す．

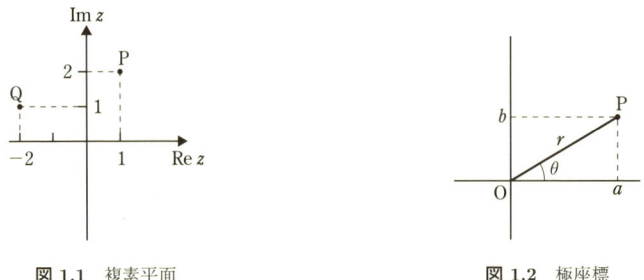

図 1.1　複素平面　　　　　　　　　　　図 1.2　極座標

さて，平面内の 1 点は上記の直角座標だけでなく極座標を用いても指定できるため，複素数を表す点も極座標を用いて表示できる．いま，複素数

$$\alpha = a + ib$$

を考えると，これは複素平面内で (a, b) という座標をもつ 1 点 P に対応するが，図 1.2 に示すように極座標では

$$a = r\cos\theta, \quad b = r\sin\theta \tag{1.11}$$

であるから

$$\alpha = r\cos\theta + ir\sin\theta = r(\cos\theta + i\sin\theta) \tag{1.12}$$

と表せる．ここで，r は点 P と原点 O の間の距離，θ は線分 OP と実軸（x 軸）のなす角度で，それぞれ a と b を用いて

$$r = \sqrt{a^2 + b^2}, \quad \theta = \tan^{-1}\frac{b}{a} \tag{1.13}$$

で表される．ただし，式 (1.13) を用いる場合，たとえば $1+i$ と $-1-i$ では同じ θ を与えることになるため，θ は $\cos\theta$ と a が同じ符号になるようにとる．式 (1.12) のような複素数の表示を極形式という．式 (1.6) と (1.13) から $r = |\alpha|$ であることがわかるため，r は複素数の絶対値とよばれる．一方，θ は複素数の偏角とよばれ

$$\theta = \arg\alpha \tag{1.14}$$

という記号で表す.

なお，sin や cos には 2π の周期性があるため，式 (1.12) において，θ のかわりに，$\theta + 2n\pi$ (n：整数) とおいても右辺は同じ値になる．言い換えれば，偏角といった場合には 2π の整数倍の不定性がある（幾何学的に考えればある点と，原点を何周かしてきた点とは同じ点を表すことに対応している）．そこで，偏角を $-\pi < \theta \leq \pi^*$ に制限して一通りに決めることがあるが，これを主値という．そして，主値であることを明記するため，大文字の A を用いて $\text{Arg}\,\alpha$ と記すことがある．

例題 1.2
次の複素数を極形式で表せ.
(1) $1 - i$, (2) $-\sqrt{3} + i$

【解】 (1) $|\alpha| = \sqrt{1+1} = \sqrt{2}$ $\text{Arg}\,z = \tan^{-1}(-1) = -\pi/4$
したがって $1 - i = \sqrt{2}(\cos(-\pi/4) + i\sin(-\pi/4))$

(2) $|\alpha| = \sqrt{3+1} = 2$ $\text{Arg}\,z = \tan^{-1}(-1/\sqrt{3}) = 5\pi/6$
したがって $-\sqrt{3} + i = 2(\cos(5\pi/6) + i\sin(5\pi/6))$

◇問 **1.3**◇ 次の複素数を極形式で表せ.
(1) $1 + i$,   (2) $-1 - i$,   (3) $1 - \sqrt{3}i$

以下に複素数の四則の幾何学的な意味を複素平面を用いて考えてみよう．
2つの複素数 $\alpha = a + ib$, $\beta = c + id$ を表す点を P, Q とする．和は

$$\alpha + \beta = (a+c) + i(b+d)$$

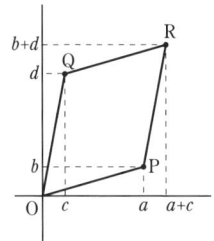

図 **1.3** 複素数の和

---

* $0 \leq \theta < 2\pi$ にとることもある.

であるから，和を表す点は図 1.3 のように OP と OQ を 2 辺とする平行 4 辺形のもうひとつの頂点 R となる．

例題 1.3
次の不等式（三角不等式）を証明せよ．
$$|z_1 + z_2| \leq |z_1| + |z_2| \tag{1.15}$$

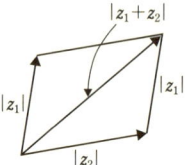

図 1.4 三角不等式

【解】 $z_1 = x_1 + iy_1$, $z_2 = x_2 + iy_2$ とおく．図 1.4 から $|z_1|, |z_2|, |z_1+z_2|$ は三角形の 3 辺の長さになるため，三角形の 2 辺の長さの和は他の 1 辺の長さより長いことを用いればよい．

計算によって証明するためには，

$$|z_1+z_2| = \sqrt{(x_1+x_2)^2 + (y_1+y_2)^2}, \quad |z_1|+|z_2| = \sqrt{x_1^2+y_1^2}+\sqrt{x_2^2+y_2^2}$$

であるから，式 (1.15) の右辺の 2 乗から左辺の 2 乗を引いたものが正であることを示せばよい．このとき

$$(\text{右辺})^2 - (\text{左辺})^2 = 2\left(\sqrt{(x_1^2+y_1^2)(x_2^2+y_2^2)} - (x_1x_2+y_1y_2)\right)$$

となるが，

$$(x_1^2+y_1^2)(x_2^2+y_2^2) - (x_1x_2+y_1y_2)^2 = (x_2y_1-x_1y_2)^2 \geq 0$$

であるため，$\sqrt{(x_1^2+y_1^2)(x_2^2+y_2^2)} \geqq x_1x_2+y_1y_2$ が成り立ち証明が終わる．

◇**問 1.4**◇ 次の不等式を証明せよ．
$$|z_1| - |z_2| \leq |z_1 + z_2|$$

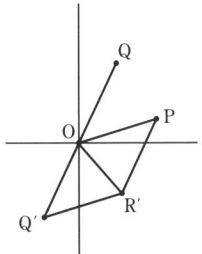

図 1.5 複素数の差

差については
$$\alpha - \beta = \alpha + (-\beta)$$
と考える．ここで $-\beta = (-c) + (-d)i$ は図 1.5 のように点 Q と原点に関して対称の位置の点 Q′ となる．したがって，差を表す点は OP と OQ′ を 2 辺とする平行四辺形のもうひとつの頂点 R′ になる．

積や商については，2 つの複素数を極形式で表すと意味がはっきりする．すなわち，
$$\alpha = r_1(\cos\theta_1 + i\sin\theta_1), \quad \beta = r_2(\cos\theta_2 + i\sin\theta_2)$$
と書けば，積は

$$\begin{aligned}
\alpha\beta &= r_1 r_2 (\cos\theta_1 + i\sin\theta_1)(\cos\theta_2 + i\sin\theta_2) \\
&= r_1 r_2 ((\cos\theta_1\cos\theta_2 - \sin\theta_1\sin\theta_2) + i(\sin\theta_1\cos\theta_2 + \sin\theta_2\cos\theta_1)) \\
&= r_1 r_2 (\cos(\theta_1 + \theta_2) + i\sin(\theta_1 + \theta_2))
\end{aligned}$$

となる．このことは，$\alpha\beta$ を表す点は，図 1.6 のように原点からの距離が 2 つの複素数の絶対値の積であり，x 軸となす角度は，2 つの複素数の偏角の和になっていることを意味する．特に絶対値が 1 で偏角が φ の複素数 γ を，ある複素数 α に掛けると，α の絶対値は変わらず，偏角が φ だけ増えることになる．言い換えれば，点 P を表す<u>複素数 z は $e^{i\varphi}$ を掛けることにより原点まわりに角度 φ だけ回転する</u>ことになる（図 1.7）．このことは，平面上の点を原点まわりにある角度回転させたときの位置を求める場合に利用できる．

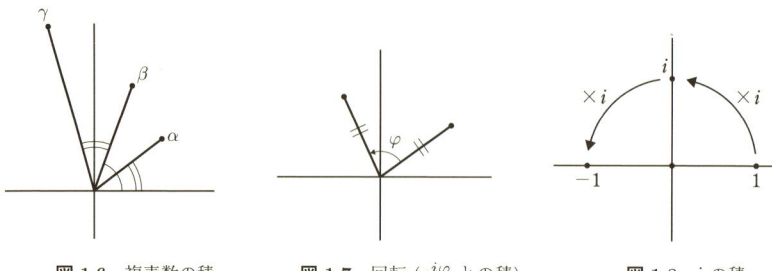

図 1.6 複素数の積　　図 1.7 回転 ($e^{i\varphi}$ との積)　　図 1.8 i の積

例題 1.4
$(1, 2)$ を原点のまわりに 45 度回転させた点の位置を求めよ.
【解】
$$(1+2i)\left(\cos\frac{\pi}{4}+i\sin\frac{\pi}{4}\right)=(1+2i)\left(\frac{1}{\sqrt{2}}+i\frac{1}{\sqrt{2}}\right)=-\frac{1}{\sqrt{2}}+i\frac{3}{\sqrt{2}}$$
となるから, $(-\sqrt{2}/2, 3\sqrt{2}/2)$.

虚数単位 i は大きさ 1 の複素数であり,極形式では
$$i=\cos\frac{\pi}{2}+i\sin\frac{\pi}{2}$$
と書くことができる.したがって,ある複素数に i を掛けることは,その複素数を原点まわりに 90 度回転させることを意味する.このことから,i および $i^2=-1$ の幾何学的な意味づけができる.すなわち,
$$i=1\times i,\quad -1=1\times i\times i$$
であるから,図 1.8 に示すようにこの式は点 $(1,0)$ を複素平面上で 90 度回転させたものが $(0,1)$,すなわち i であり,さらに i を 90 度回転させると $(-1,0)$ になることを意味している.

原点以外の点 S のまわりで点 P を角度 θ 回転させる場合には次のようにする.まず点 S を原点とするような新しい複素平面を導入する.もとの複素平面で点 S を表す複素数を z_S,点 P を表す複素数を z とすれば,新しい複素平面では点 P は $z-z_S$ となる.そこで,角度 θ だけ回転させると
$$(z-z_S)(\cos\theta+i\sin\theta)$$

となるが，この点はもとの平面では

$$z_S + (z - z_S)(\cos\theta + i\sin\theta)$$

である．

例題 1.5

ド・モアブル（de Moivre）の定理

$$(\cos\theta + i\sin\theta)^n = \cos n\theta + i\sin n\theta \tag{1.16}$$

を証明せよ．

【解】 $z = \cos\theta + i\sin\theta$ とおくと，$|z| = 1$ なので，$z = 1 \cdot z$ は点 $(1,0)$ を角度 θ だけ回転したものである．同様に，$z^n = 1 \cdot z \cdot z \cdots z$ は $(1,0)$ を角度 θ ずつ n 回分回転したものになる．したがって，$z^n = \cos n\theta + i\sin n\theta$ となる．

商については α と $1/\beta$ の積と考える．一方，

$$\begin{aligned}
\frac{1}{\beta} &= \frac{1}{r_2(\cos\theta_2 + i\sin\theta_2)} \\
&= \frac{\cos\theta_2 - i\sin\theta_2}{r_2(\cos\theta_2 + i\sin\theta_2)(\cos\theta_2 - i\sin\theta_2)} \\
&= \frac{\cos(-\theta_2) + i\sin(-\theta_2)}{r_2}
\end{aligned}$$

であるから，

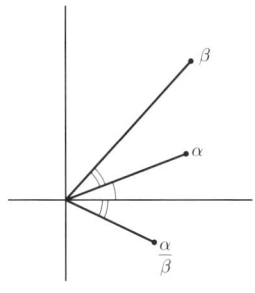

図 1.9 複素数の商

$$\frac{\alpha}{\beta} = \frac{r_1}{r_2}(\cos(\theta_1 - \theta_2) + i\sin(\theta_1 - \theta_2))$$

となる．したがって，商を表す複素数の絶対値は 2 つの複素数の絶対値の商となり，偏角は 2 つの複素数の偏角の差になることがわかる（図 1.9）．

例題 1.6
次の方程式または不等式で表される領域を複素平面上に図示せよ．

(1) $|\arg z| < \dfrac{\pi}{3}$, 　(2) $\left|\dfrac{z}{3}\right| < 2$, 　(3) $\left|\dfrac{z+1}{z-1}\right| = 1$

【解】 (1) $-\pi/3 < \arg z < \pi/3$ より，図 1.10(a) のようになる（境界は含まない）．

(2) $|z| < 6$ であるから，図 1.10(b) のように原点中心，半径 6 の円の内部になる（境界は含まない）．

(3) 点 $(1,0)$ と $(-1,0)$ から等距離の点なので，図 1.10(c) に示すように虚軸になる．

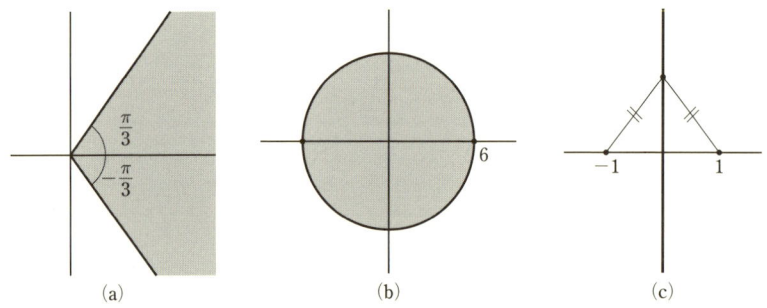

図 1.10 例題 1.6 の解

◇問 1.5◇ 次の方程式または不等式で表される領域を複素平面上に図示せよ．

(1) $|z - i| < 2$, 　(2) $\arg(z - 1) < \dfrac{\pi}{3}$

1.3 複素数列と極限

複素数の数列（複素数列）$z_n\,(n = 1, 2, \cdots)$ を考える．n を限りなく増加させたとき，もしある複素数 c が存在して，$|z_n - c|$ が限りなく 0 に近づくなら

ば，もう少し詳しくいえば，任意の正数 ε が与えられたとき，これに対応して番号 n_0 が決まり，

$$n > n_0 \quad \text{ならば} \quad |z_n - c| < \varepsilon$$

が成り立てば，複素数列 z_n は c に収束するとよび

$$\lim_{n\to\infty} z_n = c \quad \text{あるいは} \quad z_n \to c \tag{1.17}$$

と書く．

このことは，幾何学的には図 1.11 に示すような意味をもっている．また，この図からも明らかなように，$z_n = x_n + iy_n$, $c = a + ib$ と書いたとき，$z_n \to c$ であることと，$x_n \to a$ かつ $y_n \to b$ であることは同等である．

実数列と同じように複素数列 z_n と w_n がそれぞれ複素数 c と d に収束すれば，複素数列 $z_n \pm w_n$, $z_n w_n$, z_n/w_n はそれぞれ $c \pm d$, cd, c/d に収束する．ただし，割り算があるときは分母は 0 でないとする．なお，証明は実数列の場合と形式的に全く同じである．

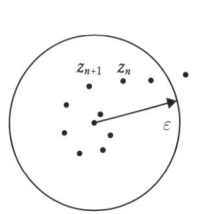

図 1.11　複素数列

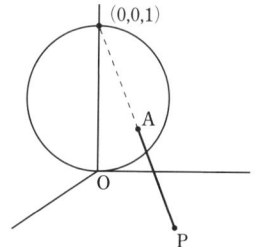

図 1.12　リーマン球面

さて，実数列 x_n の場合，n が限りなく大きくなるとき，x_n が正の値で限りなく大きくなれば $x_n \to \infty$ と記し，負の値で絶対値が限りなく大きくなれば $x_n \to -\infty$ と記した．一方，複素数列 z_n の場合には，n が限りなく大きくなるとき $|z_n|$ が限りなく大きくなれば，偏角によらず $z_n \to \infty$ と記す．これは，実数の場合には，原点からの遠ざかり方が正負の 2 通りしかなかったが，複素数の場合では原点から遠ざかり方が無限にあるからである．この場合，一見したところ無数にあるような ∞ をただ 1 つの点とみなすことにしている．この 1 点 ∞ を無限遠点とよんでいる．

【補足】 リーマン（Riemann）球面

図 1.12 に示すように，3 次元座標上に中心が $(0, 0, 1/2)$ で半径 $1/2$ の球を考える．x–y 平面上の 1 点 P から点 $(0, 0, 1)$ に向かって直線を引いて，球面と交わる点を A とすれば，平面内の任意の点 P は球面上の 1 点 A に対応させることができる．このような球面をリーマン球面という．リーマン球面上では無数にあると思われた x–y 面（複素平面）上の無限遠点は 1 点 $(0, 0, 1)$ に対応させることができるため，無限遠点をただ 1 つの点と考えることは必ずしも乱暴なことではない．

▷章末問題◁

[1.1] 次式の値を求めよ．

(1) $\operatorname{Im} \dfrac{2-i}{3-4i}$,　(2) $\operatorname{Re} \dfrac{(1+i)^2}{3-2i}$,　(3) $\left| \dfrac{3+4i}{3+i} \right|$

[1.2] 次の複素数の絶対値と偏角を求めよ．

(1) $-3-3i$,　(2) $-1+\sqrt{3}i$,　(3) $\dfrac{1+4i}{4-i}$

[1.3] 次式が成り立つことを示せ．

$$\operatorname{Re} z_1 \operatorname{Re} z_2 = \frac{1}{2} \operatorname{Re}(z_1 z_2) + \frac{1}{2} \operatorname{Re}(\bar{z}_1 z_2)$$

[1.4] $z(i-1) = -\bar{z}(1+i)$ ならば，z の偏角はいくらになるか．

[1.5] $|1+z| \leq 1+|z|$ が成り立つことを $z = x+iy$ とおくことによって示せ．また，この式を用いて三角不等式 (1.15) を導け．

[1.6] 複素平面内に，次の式で表される領域または曲線を表示せよ．

(1) $\operatorname{Re} z^2 \geq 1$,　(2) $\dfrac{1}{|z|} \leq 2$,　(3) $\operatorname{Re}(1-z) = |z|$

[1.7] 次式が成り立つことを示せ．

$$\cos 4\theta = \cos^4 \theta - 6\cos^2 \theta \sin^2 \theta + \sin^4 \theta$$

2

正 則 関 数

2.1 複素数の関数

　実数の場合と対比して複素数の関数について調べてみよう．

　実数 x に実数 y を対応させる対応関係があったとき，y は x の関数であるとよび，

$$y = f(x) \tag{2.1}$$

と表した．同様に複素数 z に複素数 w を対応させる対応関係がある場合に，w は z の関数であるとよび，

$$w = f(z) \tag{2.2}$$

と表すことにする．関数といった場合には，実数のときと同様に，この対応関係は必ずしも式の形で表されている必要はないが，今後の議論を進めていく上では，あまり一般化せずに式の形で表されているものとする．

$$z = x + iy \tag{2.3}$$

であったから，これを式 (2.2) に代入して実数部と虚数部に分けることができる．それらは一般に x と y の関数であるため，実数部を $u(x,y)$，虚数部を $v(x,y)$ と書くことにすれば

$$w = u(x,y) + iv(x,y) \tag{2.4}$$

となる．たとえば，$f(z) = z^2$ の場合には

$$w = z^2 = (x+iy)^2 = (x^2 - y^2) + i(2xy)$$

であるから

$$u(x,y) = x^2 - y^2, \quad v(x,y) = 2xy$$

となる.

このように複素関数 (2.2) は式 (2.4) の関係で結ばれた 2 つの実関数 $u(x,y)$ および $v(x,y)$ と同等であり,複素関数 (2.2) を調べる場合には実関数 u と v を調べてもよいことがわかる.しかし,z と x, y の間には式 (2.3) の関係があるため,u と v は独立ではないことに注意が必要である.言い換えれば,お互いに無関係な u と v から $u+iv$ をつくっても $w=f(z)$ の形には書けない.たとえば,上の例で $u=x^2+y^2$ と変化させた場合,式 (2.4) は z だけの関数にはならない.

例題 2.1
$(x^2+y^2)+i(2xy)$ を z と $\bar{z}$ を用いて表せ.

【解】 $z=x+iy$, $\bar{z}=x-iy$ の加減を行うことにより

$$x=(z+\bar{z})/2, \quad y=(z-\bar{z})/2i \tag{2.5}$$

が得られる.これをもとの式に代入して計算すれば

$$(x^2+y^2)+i(2xy) = z\bar{z} + (z^2-\bar{z}^2)/2$$

この例のように,任意の 2 つの実関数 u, v を式 (2.4) の形に書くと,一般には z と $\bar{z}$ を含んだ関数

$$w = F(z, \bar{z}) \tag{2.6}$$

となる*.

◇**問 2.1**◇ 次の関数を z と $\bar{z}$ を用いて表せ.
 (1) $x+y$, (2) $x^3-3xy^2+i(3x^2y-y^3)$

---

* z を共役複素数 $\bar{z}$ に対応させる対応関係を関数 $\bar{z}=g(z)$ とみなせば式 (2.6) は z だけの関数と解釈できそうである.しかし,よく考えてみると,z は 2 つの独立な数 x と y からできているため,z だけでは x または y を表せない.すなわち,式 (2.5) のように z と $\bar{z}$ が必要になる.このような意味から $\bar{z}$ は z と独立な変数とみなすべきものである.あるいは,別の見方をして z を平面上のベクトルとすれば,$\bar{z}$ を表すベクトルは z を表すベクトルとは独立であると考えてもよい.

以上のことから,関数 $w=f(z)$ は 2 つの実関数の組とは関係するものの,それらにかなり制限をつけたものであることが理解されよう.

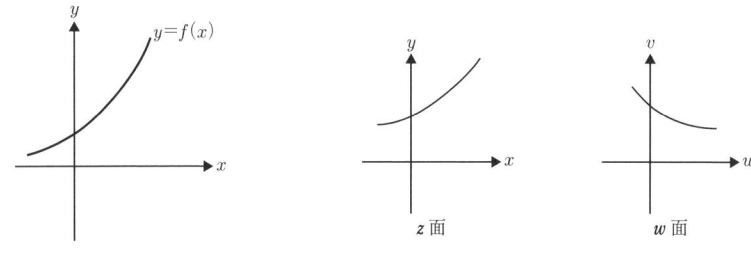

図 2.1 $y = f(x)$ のグラフ　　　　**図 2.2** z 面と w 面の対応

次に複素関数 (2.2) を図示することを考える．実数の関数 $y = f(x)$ を図示するためには図 2.1 のように 2 次元平面を用意して x に対応する y を平面上にプロットしていけばよい．このとき一般に曲線が得られる．同様のことを式 (2.2) に対して行うためには x, y, u, v の 4 次元空間が必要になるため図示することは不可能である．そこで別の見方をすることにする．すなわち，式 (2.2) は 2 つの複素数間の関係であり，複素平面（z 面）上の点 (x, y) を別の複素平面（w 面）上の点 (u, v) に写像する関係式とみなせる．そこでこの写像の様子を調べるために，図 2.2 に示すように x–y 面の代表的な曲線が u–v 面にどのように写像されるか，あるいは u–v 面の代表的な曲線が x–y 面にどのように写像されるかを調べれば対応関係がある程度わかる．なお，具体例については第 7 章で述べることにする．

2.2　複素関数の微分

本節では複素関数の微分について議論する．そのためには複素関数の極限値と連続性について調べる必要があるが，まずはじめに実関数についてこれらのことを復習しておこう．実関数 $y = f(x)$ の極限とは以下のようなものであった．すなわち，その関数が定義された領域内で，領域内の点 x_0 に近づく任意の点列 $x_1, x_2, \cdots, x_n, \cdots$ に対して，その像 $y_1, y_2, \cdots, y_n, \cdots$ がある一定の値 a に近づくとき，関数 $y = f(x)$ は点 x_0 で極限値 a をもつとよび，

$$\lim_{x \to x_0} f(x) = a \tag{2.7}$$

と書いた．このとき，関数値 $f(x_0)$ が定義されていなくてもよく，また $f(x_0) \neq a$

であるように定義されていてもよい．実数は数直線上の点で表せるため，点 $x = x_0$ への近づき方は右から近づく場合と左から近づく場合が考えられる．そこで，それぞれを

$$\lim_{x \to x_0+0} f(x) = a, \quad \lim_{x \to x_0-0} f(x) = a$$

と書き，左極限と右極限とよぶことにすれば，関数 $f(x)$ が極限値をもつためには左極限と右極限が一致する必要があった．図 2.3(a) は点 $x = x_0$ で極限値をもつ場合で図 2.3(b) はもたない（左極限と右極限が一致しない）場合である．

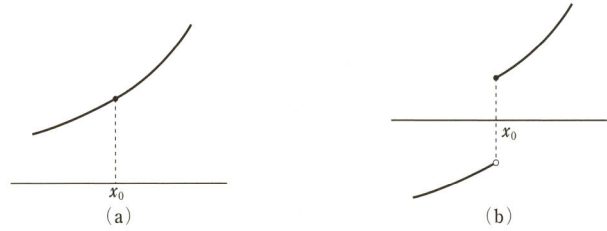

図 2.3 連続と不連続

関数 $f(x)$ が点 $x = x_0$ で極限値をもち，しかもそれが $f(x_0)$ と一致する場合には，関数 $f(x)$ は点 $x = x_0$ において連続であるという．この定義から図 2.3(b) に示した関数は点 $x = x_0$ において連続ではない．

以上のことを参考にして複素数の場合を考えてみよう．複素関数 $w = f(z)$ の極限値や連続性も実関数の場合と同様に定義できる．まず，極限について考える．いま，関数が定義された領域内で，領域内の点 z_0 に近づく任意の点列 $z_1, z_2, \cdots, z_n, \cdots$ に対して，その像 $w_1, w_2, \cdots, w_n, \cdots$ がある一定の値 α に近づくとき，関数 $w = f(z)$ は点 z_0 で極限値 α をもつとよび，

$$\lim_{z \to z_0} f(z) = \alpha \tag{2.8}$$

と書く．このとき，関数値 $f(z_0)$ が定義されていなくてもよく，また $f(z_0) \neq \alpha$ というように定義されていてもよい．ただし，複素数は平面上の点で表せるため実数の場合と異なって，点 z_0 への近づき方は無限にある．複素関数が極限値をもつためには任意の近づき方に対して同じ値 α をもつ必要があり，実数の場合に比べてはるかに強い制限になる．

例題 2.2

関数 $z/\bar{z}$ について $z \to 0$ でのふるまいを調べよ．

【解】 複素平面上で $y = ax$ (a は実定数) を考える．この直線上では

$$\frac{z}{\bar{z}} = \frac{x + iax}{x - iax} = \frac{1 + ia}{1 - ia}$$

となるため，$z \to 0$ の極限でも $(1 + ia)/(1 - ia)$ となる．この値は a が変化すると変化する．たとえば $a = 0$ のときは 1 で $a = 1$ のときは $(1+i)/(1-i)$ となる．言い換えれば，極限値は原点への近づき方に依存する．したがって，極限値をもたない．

2つの複素関数 $f(z)$, $g(z)$ が $z \to z_0$ のとき極限値 c, d をもつとき，すなわち，

$$\lim_{z \to z_0} f(z) = c, \quad \lim_{z \to z_0} g(z) = d$$

ならば，$f(z) \pm g(z)$, $f(z)g(z)$, $f(z)/g(z)$ も $z \to z_0$ のとき極限値をもち，

$$\lim_{z \to z_0} (f \pm g) = c \pm d, \quad \lim_{z \to z_0} fg = cd, \quad \lim_{z \to z_0} \frac{f}{g} = \frac{c}{d}$$

が成り立つ（分母は 0 でないとする）．

連続性については，複素関数の連続性も実関数と同様に次のように定義される．いま，ある領域 D で定義された関数 $f(z)$ が D の内部の 1 点 $z = z_0$ で極限値をもち，しかもそれが $f(z_0)$ と一致する場合には，関数 $f(z)$ は点 $z = z_0$ において連続であるという．また，領域 D に属するすべての点で $f(z)$ が連続であれば，$f(z)$ は領域 D で連続であるという．

極限に関する上に述べた性質から，連続性についても以下のことが成り立つ．すなわち，$z = z_0$ で連続な関数 $f(z)$, $g(z)$ に対して，$f(z) \pm g(z)$, $f(z)g(z)$, $f(z)/g(z)$ も $z = z_0$ で連続である．ただし，最後の関数については $g(z_0) \neq 0$ とする．

実関数 $f(x)$ の場合，領域 D 内の点 $x = x_0$ において極限値

$$\lim_{\Delta x \to 0} \frac{f(x_0 + \Delta x) - f(x_0)}{\Delta x}$$

が存在するとき，その関数は点 $x = x_0$ において微分可能であり，またその極限値を $x = x_0$ における微分係数とよんだ．さらに，$f(x)$ が D 内の各点で微

分可能な場合に，各点における微分係数を x の関数と考え，$f(x)$ の導関数とよんだ．そして導関数は $f'(x)$ や dy/dx, df/dx などと表記した．複素関数の場合もこれらを全く同様に定義する．すなわち，複素関数 $f(z)$ が領域 D 内の点 $z = z_0$ において極限値

$$\lim_{\Delta z \to 0} \frac{f(z_0 + \Delta z) - f(z_0)}{\Delta z} \tag{2.9}$$

をもつとき，その関数は点 $z = z_0$ において微分可能であり，またその極限値を $z = z_0$ における微分係数とよぶ．さらに，$f(z)$ が D 内の各点で微分可能な場合に，各点における微分係数を z の関数と考え，$f(z)$ の導関数とよび，$f'(z)$ や dw/dz, df/dz などと表す．上述のとおり複素関数が極限値をもつためには z_0 への近づき方によらない必要があるため，微分可能であることは複素関数に対するかなり強い制約になっている．

例題 2.3
定義にしたがって次の関数を z で微分するとどうなるか．
(1) $f(z) = z^2$, (2) $f(z) = \bar{z}$

【解】 (1) $f'(z) = \lim_{\Delta z \to 0} \dfrac{(z + \Delta z)^2 - z^2}{\Delta z} = \lim_{\Delta z \to 0} (2z + \Delta z) = 2z$

(2) $f'(z) = \lim_{\Delta z \to 0} \dfrac{\bar{z} + \Delta \bar{z} - \bar{z}}{\Delta z} = \lim_{\Delta z \to 0} \dfrac{\Delta \bar{z}}{\Delta z} = \lim_{\Delta x \to 0, \Delta y \to 0} \dfrac{\Delta x - i \Delta y}{\Delta x + i \Delta y}$

となるが，この値は Δx, Δy の 0 への近づき方に依存して変化する．

2.3 コーシー・リーマンの方程式

本節では複素関数 $f(z) = u(x, y) + iv(x, y)$ がどのような場合に微分可能であるかを調べる．$\Delta z = \Delta x + i\Delta y$ であるから，式 (2.9) は

$$\lim_{\Delta x + i\Delta y \to 0} \frac{u(x + \Delta x, y + \Delta y) - u(x, y) + i(v(x + \Delta x, y + \Delta y) - v(x, y))}{\Delta x + i\Delta y} \tag{2.10}$$

となる．微分可能な場合には Δz をどのように 0 に近づけても極限値は一致しなければならない．そこで式 (2.10) においてはじめに $\Delta y \to 0$ とすると

$$\lim_{\Delta x \to 0} \frac{u(x+\Delta x, y) - u(x,y) + i(v(x+\Delta x, y) - v(x,y))}{\Delta x}$$
$$= \lim_{\Delta x \to 0} \frac{u(x+\Delta x, y) - u(x,y)}{\Delta x} + i \lim_{\Delta x \to 0} \frac{v(x+\Delta x, y) - v(x,y)}{\Delta x}$$

となる．このとき右辺第 1 項は $\partial u/\partial x$, 第 2 項は $\partial v/\partial x$ を表すから

$$\frac{df}{dz} = \frac{\partial u}{\partial x} + i\frac{\partial v}{\partial x} = \frac{\partial f}{\partial x} \tag{2.11}$$

となる．次に式 (2.10) においてはじめに $\Delta x \to 0$ とすれば

$$\lim_{\Delta y \to 0} \frac{u(x, y+\Delta y) - u(x,y) + i(v(x, y+\Delta y) - v(x,y))}{i\Delta y}$$
$$= -i \lim_{\Delta y \to 0} \frac{u(x, y+\Delta y) - u(x,y)}{\Delta y} + \lim_{\Delta y \to 0} \frac{v(x, y+\Delta y) - v(x,y)}{\Delta y}$$

となる．したがって，

$$\frac{df}{dz} = \frac{\partial v}{\partial y} - i\frac{\partial u}{\partial y} = \frac{1}{i}\frac{\partial f}{\partial y} \tag{2.12}$$

となる．式 (2.11) と式 (2.12) は等しくなければならないから，実部と虚部を等しくおいて

$$\frac{\partial u}{\partial x} = \frac{\partial v}{\partial y}, \quad \frac{\partial u}{\partial y} = -\frac{\partial v}{\partial x} \tag{2.13}$$

が得られる．式 (2.13) は関数 $f(z)$ が微分可能であるための必要条件を表し，コーシー・リーマン (Cauchy-Riemann) の (微分) 方程式とよばれる．

次に微分可能であるための十分条件について考えてみよう．いま，$\Delta z = \Delta x + i\Delta y$ とすれば

$$f(z + \Delta z) - f(z)$$
$$= (u(x+\Delta x, y+\Delta y) + iv(x+\Delta x, y+\Delta y)) - (u(x,y) + iv(x,y))$$
$$= (u(x+\Delta x, y+\Delta y) - u(x,y)) + i(v(x+\Delta x, y+\Delta y) - v(x,y)) \tag{2.14}$$

となる．ここでもし，$u(x,y)$ と $v(x,y)$ の 1 階偏導関数が存在して連続ならば

$$u(x+\Delta x, y+\Delta y) = u(x,y) + \Delta x \frac{\partial u}{\partial x} + \Delta y \frac{\partial u}{\partial y} + o(h)$$

$$v(x+\Delta x, y+\Delta y) = v(x,y) + \Delta x \frac{\partial v}{\partial x} + \Delta y \frac{\partial v}{\partial y} + o(h) \tag{2.15}$$

が成り立つことが知られている．ただし，$h = |\Delta z| = \sqrt{x^2+y^2}$ である．式 (2.14) の右辺に式 (2.15) を代入すれば

$$\begin{aligned}
f(z+\Delta z) - f(z) &= \left(\Delta x \frac{\partial u}{\partial x} + \Delta y \frac{\partial u}{\partial y}\right) + i\left(\Delta x \frac{\partial v}{\partial x} + \Delta y \frac{\partial v}{\partial y}\right) + o(h) \\
&= \left(\Delta x \frac{\partial u}{\partial x} - \Delta y \frac{\partial v}{\partial x}\right) + i\left(\Delta x \frac{\partial v}{\partial x} + \Delta y \frac{\partial u}{\partial x}\right) + o(h) \\
&= (\Delta x + i\Delta y)\left(\frac{\partial u}{\partial x} + i\frac{\partial v}{\partial x}\right) + o(h)
\end{aligned}$$

となる．ただし，第 2 式から第 3 式への変形にはコーシー・リーマンの方程式を用いている．上式から

$$\frac{f(z+\Delta z) - f(z)}{\Delta x + i\Delta y} = \frac{f(z+\Delta z) - f(z)}{\Delta z} = \left(\frac{\partial u}{\partial x} + i\frac{\partial v}{\partial x}\right) + \frac{1}{\Delta z}o(h)$$

となるため，$\Delta z \to 0$ の極限で

$$\lim_{\Delta z \to 0} \frac{f(z+\Delta z) - f(z)}{\Delta z} = \frac{\partial u}{\partial x} + i\frac{\partial v}{\partial x}$$

が得られる．したがって，式 (2.15) が成り立つとき，すなわち u, v の 1 階偏導関数 $\partial u/\partial x$, $\partial u/\partial y$, $\partial v/\partial x$, $\partial v/\partial y$ が連続であるとき，コーシー・リーマンの方程式は $f(z)$ が微分可能であるための十分条件になっている．以上のことをまとめると次のようになる．

関数 $f(z) = u(x,y) + iv(x,y)$ において，u, v が連続な 1 階導関数 $\partial u/\partial x$, $\partial u/\partial y$, $\partial v/\partial x$, $\partial v/\partial y$ をもっているとする．このとき，コーシー・リーマンの方程式

$$\frac{\partial u}{\partial x} = \frac{\partial v}{\partial y}, \quad \frac{\partial u}{\partial y} = -\frac{\partial v}{\partial x}$$

が成り立つことが，$f(z)$ が微分可能であることの必要十分条件である．また，導関数は

$$\frac{df}{dz} = \frac{\partial u}{\partial x} + i\frac{\partial v}{\partial x} = \frac{\partial f}{\partial x}$$

または

$$\frac{df}{dz} = \frac{\partial v}{\partial y} - i\frac{\partial u}{\partial y} = \frac{1}{i}\frac{\partial f}{\partial y}$$

によって u と v を用いて計算される．

例題 2.4

コーシー・リーマンの方程式を用いて次の関数が微分可能であるかどうかを調べよ．

(1) $f(z) = z^2$, (2) $f(z) = \bar{z}$

【解】 (1) $f = u + iv = z^2 = (x+iy)^2 = x^2 - y^2 + 2ixy$

したがって $u = x^2 - y^2$, $v = 2xy$

$$u_x = 2x, \quad v_y = 2x, \quad u_y = -2y, \quad v_x = 2y,$$

コーシー・リーマンの方程式が成立するため微分可能．

(2) $f = u + iv = \bar{z} = x - iy$

したがって $u = x$, $v = -y$

$$u_x = 1, \quad v_y = -1, \quad u_y = 0, \quad v_x = 0,$$

コーシー・リーマンの方程式は成立せず微分不可能．

◇**問 2.2**◇ 次の関数は微分可能であるかどうかを調べよ．

(1) $f(z) = z^3 - 2z + 1$, (2) $f(z) = |z|^2 + \bar{z}$, (3) $f(z) = 1/z^2$,

(4) $f(z) = e^x(\cos 2y + i \sin 2y)$

任意の 2 つの 2 変数の関数 $u(x,y)$ と $v(x,y)$ から，複素数値をとる関数

$$w = u(x,y) + iv(x,y)$$

を構成した場合には，必ずしもコーシー・リーマンの方程式を満たすとは限らない．この関数は変換 (2.5) により形式的に

$$w = F(z, \bar{z})$$

と書き換えることができる．この関数を $\bar{z}$ で微分すれば，式 (2.5) から $\bar{z}$ は x と y の関数であるから，

$$\frac{\partial w}{\partial \bar{z}} = \frac{\partial x}{\partial \bar{z}}\frac{\partial F}{\partial x} + \frac{\partial y}{\partial \bar{z}}\frac{\partial F}{\partial y}$$

となる．この式に式 (2.5) から得られる

$$\frac{\partial x}{\partial \bar{z}} = \frac{1}{2}, \quad \frac{\partial y}{\partial \bar{z}} = -\frac{1}{2i}$$

を代入すれば

$$\frac{\partial F}{\partial \bar{z}} = \frac{1}{2}\left(\frac{\partial}{\partial x}(u+iv) + i\frac{\partial}{\partial y}(u+iv)\right) \qquad (2.16)$$

$$= \frac{1}{2}\left(\frac{\partial u}{\partial x} - \frac{\partial v}{\partial y} + i\left(\frac{\partial v}{\partial x} + \frac{\partial u}{\partial y}\right)\right)$$

となる．いま，関数 F が微分可能であるならば，コーシー・リーマンの方程式が成り立つから，上式の右辺は 0 となる．すなわち，関数 F には $\bar{z}$ が含まれないことがわかる．逆に w に $\bar{z}$ が含まれなければ，式 (2.16) の左辺が 0 となり，コーシー・リーマンの方程式が成り立つことがわかる．したがって，<u>関数 $u(x,y) + iv(x,y)$ を，変換 (2.5) を用いて $F(z,\bar{z})$ の形に書き換えた場合，結果として得られる式に $\bar{z}$ が含まれないことが，$u(x,y) + iv(x,y)$ が微分可能な必要十分条件</u> になる．

◇問 **2.3**◇　次の関係式を証明せよ．

$$\frac{\partial}{\partial z} = \frac{1}{2}\left(\frac{\partial}{\partial x} - i\frac{\partial}{\partial y}\right)$$

2.4　正　則　関　数

　ある点 z_0 の近傍（1 点ではない）で関数 $f(z)$ が微分可能であるとき，$f(z)$ は $z = z_0$ で正則（または解析的）であるという．また $z = z_0$ を正則点という．正則点でない点を特異点という．詳しくいえば，特異点とはその点において正則ではないが任意の近傍に正則点があるような点のことを指す．$f(z)$ がある領域において正則である場合，$f(z)$ はその領域で正則関数であるという．

> **例題 2.5**
> $f(z)$ が正則であり，かつ $|f(z)|$ が定数であれば $f(z)$ は定数であることを示せ．

【解】 $u^2 + v^2 = C$ を x で微分すると $2uu_x + 2vv_x = 0$, コーシー・リーマンの方程式より $v_x = -u_y$ を代入して

$$uu_x - vu_y = 0$$

同様に y で微分した式 $2uu_y + 2vv_y = 0$ にコーシー・リーマンの方程式 $(v_y = u_x)$ を用いれば

$$vu_x + uu_y = 0$$

これらの方程式は u_x, u_y に対する連立 2 元 1 次方程式になる．この連立方程式からつくった行列式は $u^2 + v^2$ となるが，これが 0 になるのは $u = v = 0$ の場合だけで，それ以外は 0 でない．そこで，$u = v = 0$ 以外では上の連立 1 次方程式の解は $u_x = u_y = 0$ となり，u は定数となる．同様に v_x, v_y に対する連立 2 元 1 次方程式をつくると，$u = v = 0$ 以外では，$v_x = v_y = 0$ となり，v も定数である．したがって，$u + iv$ は定数である．例外であった $u = v = 0$ の場合も $u + iv$ は定数 $(= 0)$ である．以上をまとめれば $u + iv$ は定数である．

以下に正則関数の性質を述べる．これらの性質は実関数 $y = f(x)$ の場合と同様に証明できる．

《性質 1》 $f(z)$, $g(z)$ がある領域 D で正則であるならば

$$f(z) + g(z), \quad f(z) - g(z), \quad f(z)g(z)$$

も同じ領域 D で正則である．また

$$\frac{f(z)}{g(z)}$$

も $g(z) \neq 0$ の点を除いて正則である．さらにそれらの導関数はそれぞれ

$$(f+g)' = f'(z)+g'(z), (f-g)' = f'(z)-g'(z), (fg)' = f'(z)g(z)+f(z)g'(z) \tag{2.17}$$

$$\left(\frac{f}{g}\right)' = \frac{f'(z)g(z) - f(z)g'(z)}{(g(z))^2} \tag{2.18}$$

となる．

《性質 2》 $\zeta = g(z)$ がある領域 D において正則であるとする．そして，この関数により領域 D が領域 E に写像されたとして，領域 E において $w = f(\zeta)$ が正則であるとする．このとき，合成関数 $w = f(g(z))$ は領域 D で正則であり，その導関数は

$$\frac{dw}{dz} = \frac{dw}{d\zeta}\frac{d\zeta}{dz} = f'(g(z))g'(z) \tag{2.19}$$

で与えられる（合成関数の微分法）．

《性質 3》 $w = f(z)$ がある領域 D で正則であるとする．そして，この関数によって領域 D が領域 E に写像されるとする．このとき，逆関数 $z = f^{-1}(w)$ は領域 E で正則であり，

$$\frac{dz}{dw} = \frac{1}{dw/dz} \tag{2.20}$$

が成り立つ（分母は 0 でないとする）（逆関数の微分法）．

正則関数にこのような性質があるため，正則関数の微分は実数の関数の場合と同じように計算できる．すなわち，<u>$f(z)$ を z で微分するのと $f(x)$ を x で微分するのとでは形式的に差はない</u>．たとえば，z^n を z で微分した結果は，x^n を x で微分した結果が nx^{n-1} であることから，nz^{n-1} となる．

◇**問 2.4**◇ 次の関数を微分せよ．

(1) $\log(z^2 + 1)$,　　(2) $\tan z$

正則関数の実部，虚部に対してコーシー・リーマンの方程式が成り立つため，正則関数の実部または虚部のどちらか一方が既知であれば他方が求まり，その結果，正則関数を決めることができる．例を用いてこのことを示すことにする．

例題 2.6

正則関数の実部 u または虚部 v が次の関数であるとき，その正則関数を求めよ．

(1) $u = e^x \cos y$,　　(2) $v = 3x^2 y - y^3$

【解】 (1) コーシー・リーマンの方程式から

$$\frac{\partial v}{\partial y} = \frac{\partial u}{\partial x} = \frac{\partial}{\partial x}(e^x \cos y) = e^x \cos y$$

が成り立つ．両辺を y で積分すると

$$v = \int e^x \cos y\, dy = e^x \sin y + g(x)$$

となる．ただし，$g(x)$ は x の任意関数である．$g(x)$ を決めるためにコーシー・リーマンの方程式

$$\frac{\partial v}{\partial x} = -\frac{\partial u}{\partial y}$$

に u と v を代入すれば

$$\frac{dg}{dx} + e^x \sin y = -e^x(-\sin y)$$

すなわち，$g' = 0$ となるため $g = C$(定数) である．したがって，

$$w = u + iv = e^x \cos y + i(e^x \sin y + C) = e^x(\cos y + i \sin y) + iC$$
$$= e^{x+iy} + iC$$

となる．あるいは $z = x + iy$ を用いれば

$$w = e^z + iC$$

(2) コーシー・リーマンの方程式から

$$\frac{\partial u}{\partial x} = \frac{\partial v}{\partial y} = \frac{\partial}{\partial y}(3x^2 y - y^3) = 3x^2 - 3y^2$$

が成り立つ．両辺を x で積分すると

$$u = \int (3x^2 - 3y^2) dx = x^3 - 3xy^2 + h(y)$$

となる．ただし，$h(y)$ は y の任意関数である．$h(y)$ を決めるためにコーシー・リーマンの方程式

$$\frac{\partial u}{\partial y} = -\frac{\partial v}{\partial x}$$

に u と v を代入すれば

$$\frac{dh}{dy} - 6xy = -6xy$$

すなわち，$h' = 0$ となるため $h = C$(定数) である．したがって，
$$w = u + iv = x^3 - 3xy^2 + C + i(3x^2y - y^3) = (x+iy)^3 + C$$
となる．あるいは z を用いれば
$$w = z^3 + C$$

◇問 2.5◇　実部 u または虚部 v が次の関数であるような正則関数を求めよ．
(1) $v = 2xy$,　(2) $u = \dfrac{x}{x^2 + y^2}$

2.5 有理関数

$w = z$ は無限遠点を除いて正則関数である．そこで前節の《性質1》から，$z^2, z^3, \cdots$ も正則関数であり，またそれらの線形結合である多項式
$$w = a_n z^n + a_{n-1} z^{n-1} + \cdots + a_1 z + a_0$$
も正則関数である．共通因子をもたない2つの多項式からつくった関数
$$w = \frac{a_n z^n + a_{n-1} z^{n-1} + \cdots + a_1 z + a_0}{b_m z^m + b_{m-1} z^{m-1} + \cdots + b_1 z + a_0}$$
は有理関数とよばれるが，この有理関数も分母を0にする点を除いて正則関数である．

関数の性質を調べる上で，無限遠点やその近くでの性質を議論する必要がしばしば起きる．そのような場合には 関数 $f(z)$ の無限遠での性質は，$z = 1/\zeta$ とおいて $g(\zeta) = f(1/\zeta)$ の $\zeta = 0$ の性質によって表されると考える．

例題 2.7
次の関数は $z = \infty$ で正則かどうかを調べよ．
$$f(z) = \frac{2z^2 + 1}{z(z+3)}$$

【解】 $z = \dfrac{1}{\zeta}$ とおくと $f\left(\dfrac{1}{\zeta}\right) = \dfrac{2/\zeta^2 + 1}{1/\zeta(1/\zeta + 3)} = \dfrac{2 + \zeta^2}{1 + 3\zeta}$ となるので, $\lim\limits_{\zeta \to 0} f\left(\dfrac{1}{\zeta}\right) = 2$

したがって, $z = \infty$ で正則である.

▷章末問題◁

[2.1] 次の関数は微分可能かどうか調べよ. もし, 微分可能であるならばどのような点（領域）において微分可能かを述べよ.

(1) $f(z) = x^2 + y^2 - 2xyi$, (2) $f(z) = |z^2|$

[2.2] 次の関数が正則かどうかを調べよ.

(1) $f(z) = \arg z$, (2) $f(z) = \dfrac{1}{2-z}$, (3) $f(z) = \sin x \cosh y + i \cos x \sinh y$

[2.3] $f(z)$ が領域 D で正則であるとき, 次のことが成り立つことを示せ.

(1) $\mathrm{Re}\, f(z)$ が定数ならば, $f(z)$ は定数である.

(2) $\mathrm{Arg}\, f(z)$ が定数ならば, $f(z)$ は定数である.

[2.4] 正則関数 $f(z) = u + iv$ の虚部が次の関数であるとき, もとの正則関数を求めよ.

(1) $v = xy + y$, (2) $v = e^x(x \sin y + y \cos y)$

[2.5] 極座標 $x = r \cos \theta$, $y = r \sin \theta$ を用いた場合, $w = u(r, \theta) + iv(r, \theta)$ に対して, コーシー・リーマンの方程式は
$$\frac{\partial u}{\partial r} = \frac{1}{r}\frac{\partial v}{\partial \theta}, \quad \frac{\partial v}{\partial r} = -\frac{1}{r}\frac{\partial u}{\partial \theta}$$
となることを示せ.

[2.6] 正則関数の実部 u または虚部 v はラプラス（Laplace）の方程式
$$u_{xx} + u_{yy} = 0, \quad v_{xx} + v_{yy} = 0$$
を満足することを示せ.

[2.7] 次式が成り立つことを示せ.
$$|f'(z)|^2 = u_x v_y - u_y v_x$$

3

初 等 関 数

　実数の関数では，2次関数や3次関数など多項式で表される関数や分数関数など多項式の商で表される関数以外にも，指数関数，三角関数，双曲線関数，対数関数など頻繁に使われる関数があった．本章では，複素数に対して，これらの関数がどのように定義され，どのような性質をもっているかを調べることにする．

3.1 指 数 関 数

　実数の指数関数 e^x には

$$e^0 = 1, \quad e^{x_1+x_2} = e^{x_1} e^{x_2}$$

という性質があり，また微分に関しては

$$\frac{de^x}{dx} = e^x$$

という性質があった．複素数の指数関数でもこのような性質を保つように，以下のように定義する．

$$e^z (= e^{x+iy}) = e^x(\cos y + i \sin y) \tag{3.1}$$

　この式で $y = 0$ とおけば実数の指数関数になる．

例題 3.1
式 (3.1) で定義された指数関数が上に述べた実数の場合と同じ性質をもつことを示せ．

【解】 (1) $e^0 = e^{0+i0} = e^0(\cos 0 + i \sin 0) = 1$

(2) $z_1 = x_1 + iy_1$, $z_2 = x_2 + iy_2$ とおくと

$$\begin{aligned}
e^{z_1}e^{z_2} &= e^{x_1}(\cos y_1 + i \sin y_1)e^{x_2}(\cos y_2 + i \sin y_2) \\
&= e^{x_1+x_2}((\cos y_1 \cos y_2 - \sin y_1 \sin y_2) + i(\sin y_1 \cos y_2 + \cos y_1 \sin y_2)) \\
&= e^{x_1+x_2}(\cos(y_1 + y_2) + i \sin(y_1 + y_2)) = e^{z_1+z_2}
\end{aligned}$$

(3) $u(x,y) = e^x \cos y$, $v(x,y) = e^x \sin y$ であるから

$$\frac{\partial u}{\partial x} = e^x \cos y, \quad \frac{\partial v}{\partial y} = e^x \cos y$$

$$\frac{\partial u}{\partial y} = -e^x \sin y, \quad \frac{\partial v}{\partial x} = e^x \sin y$$

となり，コーシー・リーマンの方程式を満足する．したがって，この関数は正則であるため，式 (2.11) より

$$\frac{df}{dz} = \frac{\partial u}{\partial x} + i\frac{\partial v}{\partial x} = e^x \cos y + ie^x \sin y = e^z$$

式 (3.1) で $x = 0$ とおけば

$$e^{iy} = \cos y + i \sin y \tag{3.2}$$

が得られる．この式はオイラー（Euler）の公式とよばれる．この公式を使えば，複素数の極座標での表現として

$$z = x + iy = r(\cos \theta + i \sin \theta) = re^{i\theta} \tag{3.3}$$

が得られる．

例題 3.2

（極座標でのコーシー・リーマンの方程式）
$f(z) = Re^{i\Theta}, z = re^{i\theta}$ とするとき，コーシー・リーマンの方程式は次の形に書けることを示せ．

$$\frac{\partial R}{\partial r} = \frac{R}{r}\frac{\partial \Theta}{\partial \theta}, \quad \frac{\partial R}{\partial \theta} = -rR\frac{\partial \Theta}{\partial r}$$

【解】 r 方向の微分では θ を一定とするため,$dz = e^{i\theta} dr$ であり,同様に θ 方向の微分では r を一定にするため,$dz = ire^{i\theta} d\theta$ である.w が微分可能であるためには,w の r 方向の微分と θ 方向の微分が等しい必要があるため,

$$\frac{dw}{dz} = \frac{1}{e^{i\theta}}\frac{\partial (Re^{i\Theta})}{\partial r} = \frac{1}{ire^{i\theta}}\frac{\partial (Re^{i\Theta})}{\partial \theta}$$

R, Θ を r, θ の関数とみなして微分演算を行って,実部と虚部がそれぞれ等しいとおけば,

$$\frac{\partial R}{\partial r} = \frac{R}{r}\frac{\partial \Theta}{\partial \theta}, \quad \frac{\partial R}{\partial \theta} = -rR\frac{\partial \Theta}{\partial r}$$

が得られる.

オイラーの公式は以下のようにしても形式的に導ける.すなわち,実数の指数関数のマクローリン (Maclaurin) 展開

$$e^x = 1 + \frac{x}{1!} + \frac{x^2}{2!} + \frac{x^3}{3!} + \cdots$$

の x のかわりに iy を代入して,和の順序を入れ換えて実数部と虚数部をまとめれば,

$$\begin{aligned}
e^{iy} &= 1 + \frac{iy}{1!} + \frac{(iy)^2}{2!} + \frac{(iy)^3}{3!} + \cdots \\
&= \left(1 - \frac{y^2}{2!} + \frac{y^4}{4!} - \frac{y^6}{6!} + \cdots\right) + i\left(\frac{y}{1!} - \frac{y^3}{3!} + \frac{y^5}{5!} + \cdots\right) \\
&= \cos y + i\sin y
\end{aligned}$$

となる.

指数関数の定義式から

$$|e^z| = \sqrt{e^{2x}(\cos y)^2 + e^{2x}(\sin y)^2} = e^x \tag{3.4}$$

が得られ,特に $x = 0$ のときは

$$|e^{iy}| = 1 \tag{3.5}$$

となる．また，cos, sin は 2π の周期関数であるため，指数関数は周期 $2\pi i$ をもつ．すなわち，n を整数として

$$e^{z+2n\pi i} = e^x(\cos(y+2n\pi) + i\sin(y+2n\pi)) = e^x(\cos y + i\sin y) = e^z$$

が成り立つ．この周期性のため，z 面における帯状領域

$$-\pi < y \leq \pi$$

において，$w = e^z$ はこの関数がとり得るすべての値をとることになる（すなわち，z 面を幅 2π の帯状領域に分けた場合，どの帯状領域をとっても対応する z に対して同じ w の値が得られる）．

◇問 3.1◇　z が次の値であるとき，e^z の値を求めよ．
 (1) $\dfrac{5\pi i}{6}$, 　(2) $-\dfrac{\pi i}{3}$, 　(3) $2+i$

◇問 3.2◇　次の方程式の解を求めよ．
 (1) $e^z = 2$, 　(2) $e^z = -1$

3.2　双曲線関数

双曲線関数は実関数の場合，指数関数を用いて

$$\cosh x = \frac{e^x + e^{-x}}{2}, \quad \sinh x = \frac{e^x - e^{-x}}{2} \tag{3.6}$$

により定義された．そして，

$$\sinh(-x) = -\sinh x, \quad \cosh(-x) = \cosh x$$

$$\sinh(x_1 \pm x_2) = \sinh(x_1)\cosh(x_2) \pm \cosh(x_1)\sinh(x_2)$$

$$\cosh(x_1 \pm x_2) = \cosh(x_1)\cosh(x_2) \pm \sinh(x_1)\sinh(x_2)$$

$$\cosh^2 x - \sinh^2 x = 1$$

$$\frac{d}{dx}\cosh x = \sinh x, \quad \frac{d}{dx}\sinh x = \cosh x$$

という性質をもっていた．この性質は，定義式を用いて簡単に確かめられる．たとえば，2番目の式は

$$\sinh(x_1)\cosh(x_2) \pm \cosh(x_1)\sinh(x_2)$$
$$= \frac{(e^{x_1}-e^{-x_1})(e^{x_2}+e^{-x_2})}{4} \pm \frac{(e^{x_1}+e^{-x_1})(e^{x_2}-e^{-x_2})}{4}$$
$$= \frac{(e^{x_1 \pm x_2}-e^{-(x_1 \pm x_2)})}{2} = \sinh(x_1 \pm x_2)$$

となる．

実関数の双曲線関数にならって複素数の双曲線関数を複素数の指数関数を用いて

$$\cosh z = \frac{e^z + e^{-z}}{2}, \quad \sinh z = \frac{e^z - e^{-z}}{2} \tag{3.7}$$

で定義する．

実数の場合と同様に双曲線関数には，以下の性質がある．

$$\begin{cases} \sinh(-z) = -\sinh z, \quad \cosh(-z) = \cosh z \\ \sinh(z_1 \pm z_2) = \sinh(z_1)\cosh(z_2) \pm \cosh(z_1)\sinh(z_2) \\ \cosh(z_1 \pm z_2) = \cosh(z_1)\cosh(z_2) \pm \sinh(z_1)\sinh(z_2) \\ \cosh^2 z - \sinh^2 z = 1 \\ \dfrac{d}{dz}\cosh z = \sinh z, \quad \dfrac{d}{dz}\sinh z = \cosh z \end{cases} \tag{3.8}$$

例題 3.3

$$\cosh(z_1 + z_2) = \cosh(z_1)\cosh(z_2) + \sinh(z_1)\sinh(z_2)$$

を確かめよ．

【解】

$$右辺 = \frac{e^{z_1}+e^{-z_1}}{2}\frac{e^{z_2}+e^{-z_2}}{2} + \frac{e^{z_1}-e^{-z_1}}{2}\frac{e^{z_2}-e^{-z_2}}{2}$$
$$= \frac{1}{4}(e^{z_1+z_2} + e^{z_2-z_1} + e^{z_1-z_2} + e^{-z_1-z_2}$$
$$\quad + e^{z_1+z_2} - e^{z_2-z_1} - e^{z_1-z_2} + e^{-z_1-z_2})$$
$$= \frac{1}{2}(e^{z_1+z_2} + e^{-z_1-z_2}) = 左辺$$

◇**問 3.3**◇ 次の方程式の解を求めよ．

(1) $\sinh z = 0$,　　(2) $\cosh z = 0$

指数関数は周期 $2\pi i$ をもつため，双曲線関数も同じく周期 $2\pi i$ をもつ周期関数である．したがって，指数関数と同様に z 面における帯状領域

$$-\pi < y \leq \pi$$

において，この関数がとり得るすべての値をとることになる．

$\sinh, \cosh$ を用いて定義される以下のような双曲線関数も使われることがある．

$$\tanh z = \frac{\sinh z}{\cosh z}, \quad \coth z = \frac{\cosh z}{\sinh z}$$
$$\mathrm{sech}\, z = \frac{1}{\cosh z}, \quad \mathrm{cosech}\, z = \frac{1}{\sinh z}$$

3.3 三 角 関 数

オイラーの公式およびオイラーの公式で y のかわりに $-y$ を代入した式

$$e^{iy} = \cos y + i \sin y, \quad e^{-iy} = \cos y - i \sin y$$

を加えて 2 で割れば

$$\cos y = \frac{e^{iy} + e^{-iy}}{2}$$

となり，引いて $2i$ で割れば

$$\sin y = \frac{e^{iy} - e^{-iy}}{2i}$$

となる．複素数の三角関数は，これらの式の y を z に置き換えた式

$$\cos z = \frac{e^{iz} + e^{-iz}}{2} \tag{3.9}$$
$$\sin z = \frac{e^{iz} - e^{-iz}}{2i} \tag{3.10}$$

で定義される．指数関数は 2π の周期をもつため，この定義から，$\cos, \sin$ は 2π の周期性をもつこと，すなわち

$$\cos(z + 2n\pi) = \cos z$$

が成り立つことがわかる．さらに，微分に関しては

$$\frac{d}{dz}\sin z = \frac{ie^{iz} - (-i)e^{-iz}}{2i} = \frac{e^{iz} + e^{-iz}}{2} = \cos z \qquad (3.11)$$

$$\frac{d}{dz}\cos z = \frac{ie^{iz} - ie^{-iz}}{2} = -\frac{e^{iz} - e^{-iz}}{2i} = -\sin z \qquad (3.12)$$

となる．他の三角関数は $\sin z$, $\cos z$ から実関数の場合と同様に

$$\tan z = \frac{\sin z}{\cos z}, \quad \cot z = \frac{\cos z}{\sin z}$$

$$\sec z = \frac{1}{\cos z}, \quad \operatorname{cosec} z = \frac{1}{\sin z}$$

と定義する．

例題 3.4

複素数の三角関数に対して，以下の公式が成り立つこと示せ．

$$\begin{cases} \sin(-z) = -\sin z, \quad \cos(-z) = \cos z \\ \sin(z_1 + z_2) = \sin z_1 \cos z_2 + \cos z_1 \sin z_2 \\ \cos(z_1 + z_2) = \cos z_1 \cos z_2 - \sin z_1 \sin z_2 \end{cases} \qquad (3.13)$$

【解】 これらは定義式を用いれば証明できる．たとえば，2 番目の式を証明するには次のようにする．

$$\sin z_1 \cos z_2 + \cos z_1 \sin z_2$$
$$= \frac{(e^{iz_1} - e^{-iz_1})(e^{iz_2} + e^{-iz_2})}{4i} + \frac{(e^{iz_1} + e^{-iz_1})(e^{iz_2} - e^{-iz_2})}{4i}$$
$$= \frac{(e^{i(z_1+z_2)} - e^{-i(z_1+z_2)})}{2i} = \sin(z_1 + z_2)$$

$\sin z$ の実数部と虚数部は定義式とオイラーの公式から

$$\sin z = \frac{(e^{ix}e^{-y} - e^{-ix}e^{y})}{2i} = \sin x \frac{e^y + e^{-y}}{2} + i\cos x \frac{e^y - e^{-y}}{2}$$

となる．ここで，実関数に対する双曲線関数の定義式

$$\cosh y = \frac{e^y + e^{-y}}{2}, \quad \sinh y = \frac{e^y - e^{-y}}{2}$$

を用いれば

$$\sin z = \sin x \cosh y + i \cos x \sinh y \tag{3.14}$$

となる．同様に

$$\cos z = \cos x \cosh y - i \sin x \sinh y \tag{3.15}$$

が成り立つ．式 (3.14), (3.15) から

$$\begin{aligned}|\sin^2 z| &= (\sin x)^2 (\cosh y)^2 + (\cos x)^2 (\sinh y)^2 \\ &= (\sin x)^2 (1 + (\sinh y)^2) + (\cos x)^2 (\sinh y)^2 \\ &= (\sin x)^2 + (\sinh y)^2 \\ |\cos^2 z| &= (\cos x)^2 (\cosh y)^2 + (\sin x)^2 (\sinh y)^2 \\ &= (\cos x)^2 (1 + (\sinh y)^2) + (\sin x)^2 (\sinh y)^2 = (\cos x)^2 + (\sinh y)^2 \\ &= (\cos x)^2 + (\cosh y)^2 - 1\end{aligned}$$

が得られる．これらの式から実数の場合の $|\sin^2 x| \leq 1$, $|\cos^2 x| \leq 1$ は複素数の場合には必ずしも成り立たないことがわかる．

◇問 **3.4**◇　次の方程式の解を求めよ．

(1) $\sin z = 0$,　(2) $\cos z = 0$

◇問 **3.5**◇　次の関係が成り立つことを示せ．

(1) $\sin(z + \pi) = -\sin z$,　(2) $\cos(-z) = \cos z$

$\sin z$ と $\cos z$ は 2π の周期性をもつため，z 面における帯状領域

$$-\pi < x \leq \pi$$

において，この関数がとり得るすべての値をとることになる．

三角関数および双曲線関数の定義式から，2 つの関数の間には

$$\cos(iz) = \cosh z, \quad \sin(iz) = i \sinh z \tag{3.16}$$

$$\sinh(iz) = i\sin z, \quad \cosh(iz) = \cos z \tag{3.17}$$

という関係があることがわかる．たとえば，式 (3.16) の第 1 番目の式については

$$\cos(iz) = \frac{e^{i(iz)} + e^{-i(iz)}}{2} = \frac{e^z + e^{-z}}{2} = \cosh z$$

のようにして示せる．

3.4　べき乗根とリーマン面

本節で取り扱う関数は

$$w = z^{1/n} \tag{3.18}$$

であるが，その前に準備としてすでに取り扱った 2 次関数

$$w = z^2 \tag{3.19}$$

について再度考える．いま

$$z = re^{i\theta}, \quad w = Re^{i\phi} \tag{3.20}$$

とおけば，式 (3.19) は

$$Re^{i\phi} = r^2 e^{2i\theta}$$

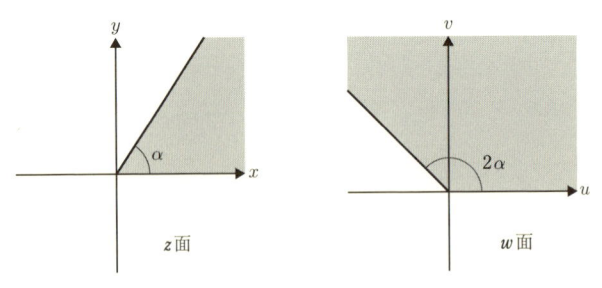

図 3.1　$w = z^2$ による写像

となる．偏角部分に注目すれば，この式から z 面における 1 点 P の偏角は w 面では 2 倍になることがわかる．したがって，図 3.1 に示すように，z 面において原点を中心とする扇形は w 面では中心角が 2 倍である扇形に写像される．この

3.4 べき乗根とリーマン面

ことから，z 面での上半面は w 面の全領域に写像されることがわかる．一方，z 面の下半面も w 面の全領域に写像される．言い換えれば，z 面は式 (3.19) によって 2 重に w 面に写像されることがわかる．式 (3.19) を w を与えて z を求める式と解釈すれば，1 つの w に対して 2 つの z が対応することになり，2 価関数になることがわかる．

式 (3.19) の逆関数，すなわち z と w を入れ換えて w について解いた式を

$$w = \sqrt{z} \quad \text{または} \quad w = z^{1/2} \tag{3.21}$$

と記すことにする．正則関数の逆関数も正則であるから，$\sqrt{z}$ も正則関数である．$w = \sqrt{z}$ は $w^2 = z$ と同じであるから，この関数は 1 つの z に対して 2 つの w が対応する 2 価関数になる*．

このように関数 $\sqrt{z}$ は 2 価関数であるため，z を 1 つ与えると w が 2 つ定まり不便である．これは z 面では偏角 θ の点と偏角 $\theta + 2\pi$ の点は同一点を表すが，w 面ではそれぞれ偏角が $\theta/2$ と $\theta/2 + \pi$ となり異なった点になるためである．

具体的に述べると，$w^2 = z$ において式 (3.20) を代入すれば

$$R^2 e^{2i\phi} = r e^{i\theta}$$

となる．絶対値（正の数）を比較すれば $R = \sqrt{r}$ となり一意に決まるが，偏角部分を比較すれば，指数関数の周期性を考慮して

$$2\phi = \theta + 2m\pi \quad (m \text{ は整数})$$

という等式が得られる．したがって，

$$\phi = \frac{\theta}{2} + m\pi$$

であるから

---

* 実関数の場合には $y^2 = x$ という関係があったときこの 2 価性を，
$$y = \pm\sqrt{x} \quad \text{または} \quad y = \pm x^{1/2}$$
のように符号をつけて区別したが，複素関数では区別せずに 1 つの記号で表して 2 価関数として取り扱う．

$$w = \sqrt{r}e^{i(\theta/2+m\pi)}$$

となるが，これは m が偶数か奇数かによって（お互いに偏角が π ずれた）2 つの値をもつことになる．

この 2 価性を解消するためには z 面を 2 枚用意してひとつの z 面については偏角が $0 \leq \theta < 2\pi$ の点を取り扱い，もうひとつの z 面では偏角が $2\pi \leq \theta < 4\pi$ の点を取り扱うようにする（図 3.2）．この場合，それぞれの面における関数をその関数の分岐という．なお偏角 θ の点と $\theta + 4\pi$ の点は w 面でも同じになるので，z 面は 2 枚で十分である．

さて，ある点の偏角を連続的に増やしていくことを考えるとこの 2 枚の面は適当につながっていないと不便である．そこで以下にそのつなぎ方を考える．

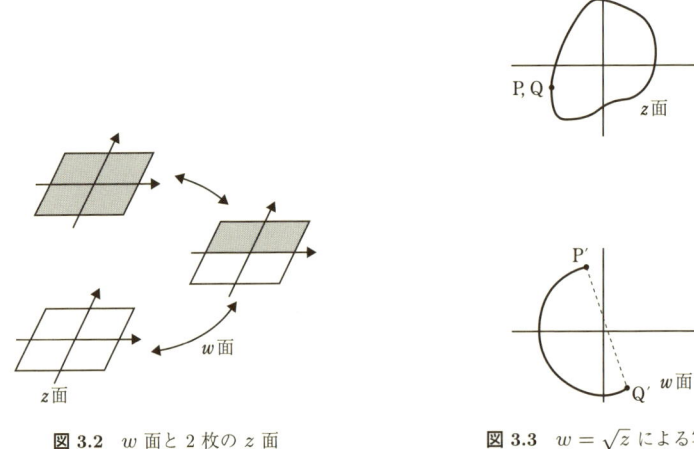

図 3.2 w 面と 2 枚の z 面

図 3.3 $w = \sqrt{z}$ による写像

z 面においてある点 P から出発して原点まわりに 1 周してもとの点（P と同一点であるが Q とする）に戻るループを考える（図 3.3）．このとき式 (3.19) で定義される関数では同じ点に戻らず，別の点 Q′ に移る．この点は w 面において点 P に対応する点 P′ と w 面の原点をはさんで対称の位置にある点である（この場合，z 面において原点のまわりをさらに 1 周することにより，w 面でもとの点に戻る）．このようにある点 z_0 のまわりを 1 周したとき $f(z)$ がもとの点に戻らないような点を分岐点とよんでいる．式 (3.21) の場合は 1 つの分岐点として，$z = 0$ があるが，実は $z = \infty$（無限遠点）も分岐点になっている．なぜ

3.4 べき乗根とリーマン面

なら，リーマン球面上で考えた場合，原点を1周することは無限遠点を逆まわりに1周していることになっているからである．

ここで前述の2枚のz面を考えて重ねておく．そしてどちらの面においても自分自身が交わらないような同じ1本の曲線で2つの分岐点を結んでおく（たとえば図3.4に示すようにx軸の負の部分）．このような曲線を分岐線とよぶことがある．そして，分岐線を横切る場合には必ずいままでとは異なった面に入ると約束する．このようにしてつくった面をリーマン面とよんでいる．

いま，どちらか1方のz面に動点を考え，分岐点のまわりをまわるとする．この点は分岐線と必ず交わるため，上の約束に従ってもう一方の面に入る．そしてもうひとまわりするともう一度分岐線に出会うため，またもとの面に戻ることになる．このようにして，このループは分岐点のまわりを2周すると閉じたループになる．

リーマン面を視覚的に表すには，紙を2枚用意して，実軸にそって原点から負の側に切れ目を入れておく．そして2枚の紙を切れ目でつなぐと考える．この場合，この切れ目を分岐線と考える．ただし，このようにすると，上側の紙の第2象限と第3象限がつながっているように見え，また下側の紙の第2象限と第3象限がつながっているように見えるので注意が必要である．しかし，リーマン面ではこれらの象限はつながっていない．あくまで，上側の紙の第2象限とつながっているのは下側の紙の第3象限であり，下側の紙の第2象限とつながっているのは上側の紙の第3象限である（分岐線が曲線の場合も事情は同じである）．

次に$w^n = z$すなわち

$$w = z^{1/n} \tag{3.22}$$

を考える．これを分数べき関数とよぶ．この関数は正則関数$w = z^n$の逆関数であるから正則である．上と同様に，$w^n = z$に式(3.20)を代入してwを決めることにする．このとき

$$R^n e^{ni\phi} = re^{i\theta}$$

となるため，絶対値は一意に決まり$R = r^{1/n}$となるが，偏角は指数関数の周期性を考慮して，

$$n\phi = \theta + 2m\pi \quad (0 \leq \theta < 2\pi,\ m \text{ は整数})$$

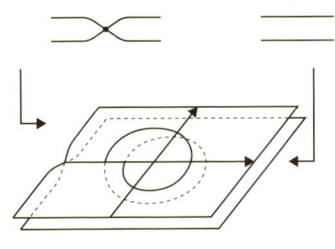

図 3.4 $w = \sqrt{z}$ に対するリーマン面

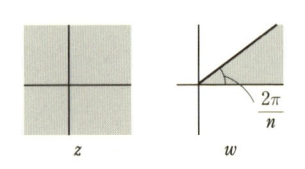

図 3.5 $w = z^{1/n}$ による写像

のとき上の等式が成り立つ．したがって，

$$w = r^{1/n} e^{i(\theta + 2m\pi)/n} \tag{3.23}$$

となる．この式は $m = 0, 1, \cdots, n-1$ のときそれぞれ異なった値をとる（周期性より $m = 0$ と $m = n$ は同じ値になり，$m = 1$ と $m = n+1$ は同じ値となり，他も同様である）．すなわち，z を 1 つ指定しても，w は n 個の異なった値をとることになり，n 個の分岐をもつ n 価関数となる．式 (3.23) から，特に $m = 0$ の場合には，z 面の全領域 $0 \leq \theta < 2\pi$ は，w 面において図 3.5 に示すような，頂角が $2\pi/n$ のくさび型領域に写像されることがわかる．

例題 3.5

次のべき乗根を求めよ．

(1) $\sqrt{-i}$,　　(2) $(1-i)^{1/3}$

【解】　(1) $z^2 = -i$ において，$z = re^{i\theta}$ とおくと $z^2 = r^2 e^{2i\theta}$ であり，また

$$-i = e^{(2n\pi + 3\pi/2)i}$$

である．したがって，

$$r = 1, \quad \theta = \frac{3\pi}{4} + n\pi$$

$$z_1 = e^{3\pi i/4} = -\frac{1}{\sqrt{2}} + \frac{i}{\sqrt{2}}, \quad z_2 = e^{7\pi i/4} = \frac{1}{\sqrt{2}} - \frac{i}{\sqrt{2}}$$

(2) 同様にすれば

$$z^3 = r^3 e^{3i\theta} = 1 - i = \sqrt{2}\left(\frac{1}{\sqrt{2}} - \frac{i}{\sqrt{2}}\right) = \sqrt{2} e^{(2n\pi - \pi/4)i}$$

より，
$$r = 2^{1/6}, \quad \theta = -\frac{\pi}{12} + \frac{2n\pi}{3} \quad (n = 0, 1, 2)$$

したがって，
$$z_1 = 2^{1/6} e^{-\pi i/12}, \quad z_2 = 2^{1/6} e^{7\pi i/12}, \quad z_3 = 2^{1/6} e^{15\pi i/12}$$

例題 3.6

方程式 $z^6 = 1$ を解き，解を複素平面上に表示せよ．

【解】 $z^6 = r^6 e^{6i\theta} = 1 = e^{2n\pi i}$ より

$$r = 1, \quad \theta = n\pi/3 \quad (n = 0, 1, 2, 3, 4, 5)$$

したがって，
$z_0 = 1, \quad z_1 = \cos\dfrac{\pi}{3} + i\sin\dfrac{\pi}{3} = \dfrac{1}{2} + \dfrac{\sqrt{3}}{2}i,$

$z_2 = \cos\dfrac{2\pi}{3} + i\sin\dfrac{2\pi}{3} = -\dfrac{1}{2} + \dfrac{\sqrt{3}}{2}i,$

$z_3 = \cos\pi + i\sin\pi = -1, \quad z_4 = \cos\dfrac{4\pi}{3} + i\sin\dfrac{4\pi}{3} = -\dfrac{1}{2} - \dfrac{\sqrt{3}}{2}i$

$z_5 = \cos\dfrac{5\pi}{3} + i\sin\dfrac{5\pi}{3} = \dfrac{1}{2} - \dfrac{\sqrt{3}}{2}i$

となる．これらを図示したものが図 3.6 であり，正六角形の頂点になっている．

例題 3.7

$w = z^{1/n}$ を微分せよ．

【解】 $z = w^n$ を w で微分すれば，$dz/dw = nw^{n-1} = nw^n/w = nz/z^{1/n}$
となる．したがって

$$\frac{dw}{dz} = \frac{1}{dz/dw} = \frac{1}{nz/z^{1/n}} = \frac{1}{n} z^{(1/n)-1}$$

となる．これは実関数の場合と同じ形になっている．

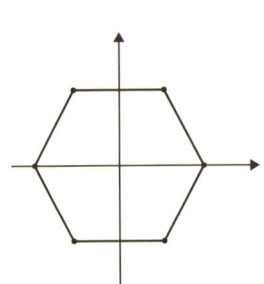

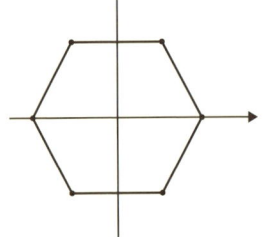

図 3.6 例題 3.6 の解　　　**図 3.7** $w = z^{1/n}$ のリーマン面

　分数べき関数 (3.22) は多価関数（n 価関数）であるため，多価性を解消するためには，前と同じようにリーマン面を導入する必要がある．具体的には n 枚の z 面を用意して各面に同一の分岐線（分岐点は 0 と ∞）を描きこの分岐線で各面がつながるようにする（図 3.7）．各リーマン面を上から順に $1, 2, \cdots, n$ と名前をつければ，分岐線を横切るごとに，1 から 2，2 から 3 といったように面を移っていけばよい．そして n までくればまた 1 に戻ることになる（分岐点を逆に回れば 1 から n，n から $n-1$ というようになる）．なお，分数べき関数では分岐点を何回か回れば必ずもとの点に戻ることができる．このような分岐点を代数的分岐点とよんでいる．

◇**問 3.6**◇　次の関数の分岐点を求めよ．
　(1) $\sqrt{z-1}$，　(2) $\sqrt{z^2-1}$

3.5 対数関数

　実数の場合の対数関数は指数関数の逆関数として定義された．複素数の対数関数も複素数の指数関数の逆関数，すなわち

$$e^w = z \tag{3.24}$$

を満足する関数 w として定義され，

$$w = \log z \tag{3.25}$$

3.5 対数関数

と記す．いま，$w = u+iv$ および $z = re^{i\theta}(-\pi < \theta \leq \pi)$ とおけば，式 (3.24) は

$$e^{u+iv} = e^u e^{iv} = re^{i\theta}$$

となるから

$$e^u = r, \quad v = \theta + 2n\pi \quad (n:\text{整数})$$

が得られる．$z = x + iy$ のとき

$$r = \sqrt{x^2 + y^2}, \quad \theta = \mathrm{Arg}(x+iy)$$

であるから，

$$\boxed{\log z = \ln r + i(\theta + 2n\pi) = \frac{1}{2}\ln(x^2 + y^2) + i(\mathrm{Arg}(x+iy) + 2n\pi)} \quad (3.26)$$

となる（$\ln r$ は実数 r の自然対数）．このように n の値が異なれば w は異なる値をもつため，対数関数は無限多価関数であり，無限個の分岐をもつ．特に式 (3.26) で $n = 0$ ととったものを対数関数の主値とよび $\mathrm{Log}\, z$ と記す：

$$\mathrm{Log}\, z = \frac{1}{2}\ln(x^2 + y^2) + i\mathrm{Arg}(x+iy) \quad (3.27)$$

◇**問 3.7**◇　次の対数関数の値をすべて求めよ．
(1) $\log 3$,　(2) $\log(-i)$,　(3) $\log(1+i)$

◇**問 3.8**◇　次の方程式を満足する z を求めよ．
(1) $\log z = \pi i/2$,　(2) $\log z = 1 - \pi i$

指数関数は正則関数であるため，その逆関数である対数関数も正則である．対数関数を微分するには，式 (2.20) を用いて

$$\frac{dw}{dz} = \frac{1}{dz/dw} = \frac{1}{de^w/dw} = \frac{1}{e^w} = \frac{1}{z}$$

とすればよい．これは，実数の対数関数と同じ形をしている．

対数関数は無限多価関数であるが，リーマン面を用いれば 1 価関数とみなすことができる．ただし，この場合は z 面は無限枚必要になる．具体的には z 面

を無限枚用意しておき，それらが分岐線でつながるようにしておく．z 面内で点 P が原点を 1 周するときその偏角は 2π 増加する．前述のように対数関数では z の偏角が 2π 異なると別の値をとるため，原点が分岐点になる．$z = 1/\zeta$ という変換を行うと

$$\log z = \log(1/\zeta) = -\log \zeta$$

となるが，この関数も $\zeta = 0$ が分岐点である．言い換えれば，$z = \infty$ も分岐点になる．そこで，分岐線として $z = 0$ と $z = \infty$ を結んだ曲線をとればよく，たとえば実軸の負の部分とすればよい．このようにしてつくったリーマン面を図 3.8 に示す．この場合，リーマン面は無限枚になり，さらに分岐点を何回回ってももとの点に戻らない．このような分岐点を対数的分岐点とよんでいる．

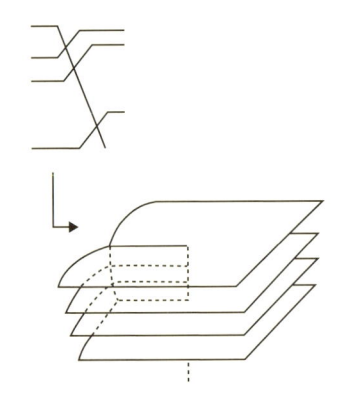

図 3.8 $\log z$ のリーマン面

対数関数には以下の性質がある．

$$\log z_1 z_2 = \log z_1 + \log z_2, \quad \log \frac{z_1}{z_2} = \log z_1 - \log z_2$$

ただし，多価関数であるため，等号の意味は左辺の表す関数値が右辺の表す関数値の中にあるという意味である．

例題 3.8
関数 $w = \sin^{-1} z$ を $\sin w = z$ を満足する関数（すなわち，$\sin z$ の逆関数）と定義する．このとき，

3.5 対 数 関 数

$$\sin^{-1} z = -i \log(iz \pm \sqrt{1-z^2})$$

であることを証明せよ．

【解】 $(e^{iw} - e^{-iw})/2i = z$ より $\quad e^{2iw} - 2ize^{iw} - 1 = 0$

$$e^{iw} = iz \pm \sqrt{1-z^2}$$

すなわち $w = -i\log(iz \pm \sqrt{1-z^2})$

◇問 **3.9**◇ 次式を証明せよ．ただし，$\cos^{-1} z$ と $\tan^{-1} z$ はそれぞれ $\cos z$ と $\tan z$ の逆関数である．

(1) $\cos^{-1} z = -i \log(z \pm \sqrt{z^2-1})$, (2) $\tan^{-1} z = \dfrac{i}{2} \log \dfrac{i+z}{i-z}$

例題 **3.9**

関数 $w = \sinh^{-1} z$ を $\sinh w = z$ を満足する関数（すなわち，$\sinh z$ の逆関数）と定義する．このとき，

$$\sinh^{-1} z = \log(z \pm \sqrt{z^2+1})$$

であることを証明せよ．

【解】 $(e^w - e^{-w})/2 = z$ より $e^{2w} - 2ze^w - 1 = 0$, $e^w = z \pm \sqrt{z^2+1}$
すなわち $w = \log(z \pm \sqrt{z^2+1})$

◇問 **3.10**◇ 次式を証明せよ．ただし，$\cosh^{-1} z$ と $\tanh^{-1} z$ はそれぞれ $\cosh z$ と $\tanh z$ の逆関数である．

(1) $\cosh^{-1} z = \log(z \pm \sqrt{z^2-1})$, (2) $\tanh^{-1} z = \dfrac{1}{2} \log \dfrac{1+z}{1-z}$

c を任意の複素数としたとき，一般のべき関数 z^c は対数関数と指数関数を用いて，

$$z^c = e^{c \log z} = e^{c(\ln r + i(\theta + 2n\pi))} = e^{c(\mathrm{Log} z + 2n\pi i)} \quad (n \text{ は整数}) \qquad (3.28)$$

により定義される．この式から c が整数の場合を除いて，一般のべき関数は多価関数になることがわかる．

例題 3.10

$w = z^c$ を微分せよ．

【解】 定義式 (3.28) を用いると

$$\begin{aligned}\frac{dw}{dz} &= \frac{d}{dz}e^{c\log z} = \frac{c}{z}e^{c\log z} = ce^{c\log z}e^{-\log z} \\ &= ce^{(c-1)\log z} = cz^{c-1}\end{aligned}$$

となる．

◇**問 3.11**◇ 次式の値を $a+ib$ の形に表せ．

(1) i^i, (2) $(1-i)^i$, (3) $(1+i)^{i-1}$

◇**問 3.12**◇ 定義式 (3.28) を用いて，一般のべき関数は c が整数 m のとき 1 価関数であり，$c = 1/m$ (m：整数) のとき m 価関数になることを確かめよ．

▷**章末問題**◁

[3.1] 指数関数 e^z について次式が成り立つことを示せ．

(1) $(e^z)^n = e^{nz}$, (2) $\overline{e^z} = e^{\bar{z}}$

[3.2] 次の方程式の根をすべて求めよ．

(1) $e^z = 2$, $e^{z^2} = 1$

[3.3] $\sin z$ が実数であるような z を求めよ．$\cosh z$ についてはどうなるか．

[3.4] 次式が成り立つことを示せ．

(1) $\tanh(-z) = -\tanh z$, (2) $\tanh(z_1 + z_2) = \dfrac{\tanh z_1 + \tanh z_2}{1 + \tanh z_1 \tanh z_2}$,

(3) $\tan(z_1 + z_2) = \dfrac{\tan z_1 + \tan z_2}{1 - \tan z_1 \tan z_2}$

[3.5] 次の方程式を解け．

(1) $\log(z+1) = 1 - i$, (2) $\log \cos z = 1$

[3.6] 次の主値を求めよ．

(1) $\sqrt{2i}$, (2) $(1-i)^{2/3}$, (3) $(1+i)^i$

4

複 素 積 分

4.1 複素関数の積分

本節では複素関数の積分の意味について，実数の関数の積分と対比して考えてみよう．はじめに実関数の積分について簡単に復習しておく．実関数の積分には不定積分と定積分があった．不定積分は微分の逆演算として導入された．すなわち，$F'(x) = f(x)$ が成り立つとき，$F(x)$ を $f(x)$ から求めることを

$$F(x) = \int f(x)dx$$

と書いて不定積分を行うとよび，また $F(x)$ を $f(x)$ の原始関数とよんだ．ここで不定というのは，上の演算で $F(x)$ が一通りに決まるわけではなく，定数 C だけの不定性があるためである．すなわち，$F'(x) = f(x)$ が成り立つとき，$(F(x) + C)' = f(x)$ も成り立つ．

次に実関数の定積分は関数 $f(x)$ と x 軸ではさまれた部分の面積として導入された．すなわち，

$$S = \int_a^b f(x)dx$$

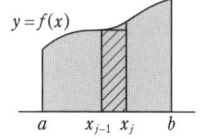

図 4.1 定積分

と書いた場合，S は図 4.1 に示すように，x 軸と $y = f(x)$ ではさまれた領域の $x = a$ から $x = b$ までの部分の面積を意味した．したがって，$f(x)$ が曲線の場

合には微小な短冊の面積の和の極限として次のように定義される：

$$\int_a^b f(x)dx = \lim_{n \to \infty} \sum_{j=1}^n f(x_j)\Delta x_j \tag{4.1}$$

ただし，$\Delta x_j = x_j - x_{j-1}$ (x_j は $[a,b]$ 内の分点でまた $x_0 = a, x_n = b$) であり，$n \to \infty$ のとき $\Delta x_j \to 0$ とする．

このように，定義からだけでは不定積分と定積分は無関係のように見えるが，実はその間に

$$\int_a^b f(x)dx = F(b) - F(a) \tag{4.2}$$

という関係が成り立つというのが微積分学の基本定理であった．ここで，$F(x)$ は $f(x)$ の不定積分である（不定性は差をとることによって消えている）．この関係があるため，不定積分という演算が非常に役立つものになった．

(a) 微分の逆演算としての不定積分

それでは，上述のことを複素数の関数に拡張しようとしたときどのようなことが起きるであろうか．まず，不定積分は微分の逆演算であり，また複素関数に対しても（正則であるという条件のもとで）微分が定義できたため，複素関数の不定積分も定義できる．しかも，正則な複素関数は形式的には実関数の x を z に置き換えただけのものなので，実関数の場合と同じように計算できる．たとえば，実関数の置換積分や部分積分の公式

$$\int f(x(\xi))dx = \int f(x)\frac{dx}{d\xi}d\xi$$

$$\int f'(x)g(x)dx = f(x)g(x) - \int f(x)g'(x)dx$$

は正則関数の不定積分でもそのまま利用できる．

◇問 **4.1**◇　次の関数の不定積分（原始関数）を求めよ．
　(1) $z^3 - 2z$,　(2) z^n,　(3) $z \sin z$

(b) 線積分と複素関数の積分

一方，定積分については少し問題が起きる．実関数の定積分の定義式 (4.1) を形式的に複素関数に拡張すると次のようになる．

4.1 複素関数の積分

$$\int_a^b f(z)dz = \lim_{n\to\infty} \sum_{j=1}^n f(z_j)\Delta z_j \tag{4.3}$$

ただし，$\Delta z_j = z_j - z_{j-1}$（$z_j$ は a と b を結ぶ曲線内の分点でまた $z_0 = a, z_n = b$）であり，$n \to \infty$ のとき $\Delta z_j \to 0$ とする．

このように定義を拡張したとき，図 4.2 に示すように，複素平面内の 2 点 a と b を結ぶ曲線はいくらでもあるため，曲線を指定しない限り値が一通りに決まらない可能性がある．実関数の場合に，このように曲線を指定してはじめて値の決まる積分に線積分があった．そこで，まず実関数の線積分について復習しておこう．

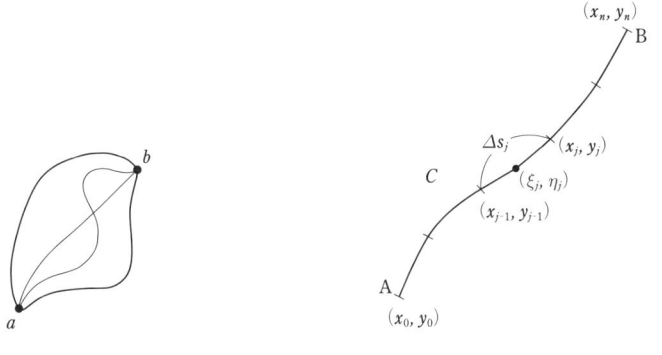

図 4.2 複素平面内の積分　　**図 4.3** 線積分

いま，x–y 面に始点が A，終点が B（それぞれの座標値を (x_0, y_0), (x_n, y_n) とする）の曲線 C を考え，この曲線を微小な n 個の線分に区切っていく（図 4.3）．j 番目の線分の両端の座標を (x_{j-1}, y_{j-1}), (x_j, y_j) とすれば，その長さ Δs_j は

$$\Delta s_j = \sqrt{(x_j - x_{j-1})^2 + (y_j - y_{j-1})^2} \tag{4.4}$$

となる．各区間の長さは等しくなくてもよいが，$n \to \infty$ のとき $\Delta s_j \to 0$ であるものとする．

2 変数の関数 $u(x, y)$ について，曲線 C の j 番目の線分上にある任意の 1 点の座標を (ξ_j, η_j) としたとき，その点での関数値は $u(\xi_j, \eta_j)$ である．そこで和

$$S_n = \sum_{j=1}^n u(\xi_j, \eta_j)\Delta s_j$$

に対して，$n \to \infty$ において極限値が存在するとき，この値を関数 $u(x,y)$ の曲線 C に沿った線積分とよび $\int_C u(x,y)ds$ と記す．すなわち

$$\int_C u(x,y)ds = \lim_{n\to\infty} S_n = \lim_{n\to\infty} \sum_{j=1}^n u(\xi_j,\eta_j)\Delta s_j \tag{4.5}$$

と定義する．特に曲線 C が閉曲線の場合には

$$\oint_C u(x,y)ds$$

と記す．なお，点 A と B が x 軸上にあり，それらを直線（x 軸）で結べば

$$\int_C u(x,y)ds = \int_a^b f(x)dx$$

となる．ただし，$f(x) = u(x,0)$ で点 A と B の座標を a と b としている．したがって，線積分はある意味で定積分の一般化になっている．

別の見方として，線積分はパラメータ表示することにより定積分に直すことができる．なぜなら，x-y 面での曲線上の点は一般にパラメータ t を使って，$(x(t),y(t))$ と表示できる（この関係から t を消去して $y = f(x)$ となったとすれば，これが曲線 C を表す）ため，

$$\int_C u(x,y)ds = \int_{t_a}^{t_b} u(x(t),y(t))\frac{ds}{dt}dt$$

$$= \int_{t_a}^{t_b} u(x(t),y(t))\sqrt{\left(\frac{dx}{dt}\right)^2 + \left(\frac{dy}{dt}\right)^2}dt \tag{4.6}$$

となるからである．ただし，点 A の座標を $(x(t_a),y(t_a))$，点 B の座標を $(x(t_b),y(t_b))$ とする．

例題 4.1

次の線積分の値を求めよ．

(1) $\int_C xyds$ （C は $(1,0),(3,2)$ を結ぶ直線）

(2) $\int_C (x^2 + xy - y^2)ds$ （C は単位円の $(1,0)$ から $(0,1)$ の部分）

【解】 (1)C 上では，$y = x - 1$, $ds = \sqrt{2}dx$ であるから

$$\int_C xy\,ds = \int_1^3 x(x-1)\sqrt{2}\,dx = \sqrt{2}\left[\frac{x^3}{3} - \frac{x^2}{2}\right]_1^3 = \frac{14\sqrt{2}}{3}$$

(2) 単位円上では $x = \cos\theta$, $y = \sin\theta$, $ds = d\theta$ であり，条件から θ は 0 から $\pi/2$ まで変化する．したがって，

$$\begin{aligned}
\int_C (x^2 + xy - y^2)\,ds &= \int_0^{\pi/2} (\cos^2\theta + \cos\theta\sin\theta - \sin^2\theta)\,d\theta \\
&= \int_0^{\pi/2} \left(\cos 2\theta + \frac{\sin 2\theta}{2}\right) d\theta \\
&= \left[\frac{1}{2}\sin 2\theta - \frac{1}{4}\cos 2\theta\right]_0^{\pi/2} = \frac{1}{2}
\end{aligned}$$

◇問 **4.2**◇ 次の線積分の値を求めよ．

(1) $\displaystyle\int_C xy^2\,ds$ (C は $(1,0), (3,2)$ を結ぶ直線),

(2) $\displaystyle\int_C \frac{x}{x^2 + y^2}\,ds$ (C は単位円を反時計まわりに 1 周)

以上のことを考慮して複素関数の積分について考えてみよう．はじめに積分の存在について考える．式 (4.3) は

$$\begin{aligned}
S_n &= \sum_{j=1}^n f(\zeta_j)(z_j - z_{j-1}) = \sum_{j=1}^n (u_j + iv_j)((x_j - x_{j-1}) + i(y_j - y_{j-1})) \\
&= \left(\sum_{j=1}^n u_j(x_j - x_{j-1}) - \sum_{j=1}^n v_j(y_j - y_{j-1})\right) \\
&\quad + i\left(\sum_{j=1}^n u_j(y_j - y_{j-1}) + \sum_{j=1}^n v_j(x_j - x_{j-1})\right)
\end{aligned}$$

となる．ただし，$\zeta_j = \xi_j + i\eta_j$ であり $u_j = u(\xi_j, \eta_j)$, $v_j = v(\xi_j, \eta_j)$ とおいた．ここで $n \to \infty$ とすれば，右辺はそれぞれ存在し

$$\int_C f(z)dz = \lim_{n\to\infty} S_n = \int_C udx - \int_C vdy + i\left(\int_C udy + \int_C vdx\right)$$

である*.これは複素積分が分割のとり方や点 ζ_j のとり方によらず存在することを意味している.

一般に積分の値はどのような曲線(積分路) C に沿うかによって異なる.複素平面上の曲線 C 上の点がパラメータ t を用いて

$$z(t) = x(t) + iy(t)$$

で表されたとすると,複素関数 $f(z)$ も t を用いて

$$f(z(t)) = u(x(t), y(t)) + iv(x(t), y(t))$$

と表される.したがって,

$$\int_C f(z)dz = \int_{t_a}^{t_b} f(z(t))\frac{dz}{dt}dt$$
$$= \int_{t_a}^{t_b} (u(x(t),y(t)) + iv(x(t),y(t)))\left(\frac{dx}{dt} + i\frac{dy}{dt}\right)dt \quad (4.7)$$

となる.特に曲線 C が閉曲線の場合には上式の左辺を

$$\oint_C f(z)dz$$

と記して,周回積分という.

例題 4.2

積分路 C として原点中心の単位円上を $(0,-1)$ から $(0,1)$ まで,反時計まわりに回る曲線 C_1 をとる場合と時計まわりに回る曲線 C_2 をとる場合について,次の複素積分の値を求めよ.

(1) $\int_C z^2 dz$, (2) $\int_C \frac{\arg z}{z}dz$, (3) $\int_C \frac{1}{z}dz$

---

* $\int_C u(x,y)dx$ の意味は,曲線 C 上の点がパラメータ t (ただし $t_a \leq t \leq t_b$ を用いて $(x(t), y(t))$ と表わされたとき,$\int_{t_a}^{t_b} u(x(t), y(t))\frac{dx}{dt}dt$ のことであり,式 (4.6) において ds を dx とおいたものである.他の積分も同様である.

【解】 単位円周上では $z = e^{i\theta}$ と書けるため，$dz = ie^{i\theta}d\theta$ となる．また，θ は反時計まわりでは $-\pi/2$ から $\pi/2$ に変化し，時計まわりでは $-\pi/2$ から $-3\pi/2$ まで変化する．以上のことを考慮すれば積分値は以下のようになる．

(1) $\displaystyle\int_{C_1} z^2 dz = \int_{-\pi/2}^{\pi/2} e^{2i\theta} ie^{i\theta} d\theta = \frac{i}{3i}\left[e^{3i\theta}\right]_{-\pi/2}^{\pi/2}$

$\displaystyle\qquad\qquad = \frac{1}{3}(e^{3\pi i/2} - e^{-3\pi i/2}) = -\frac{2}{3}i$

$\displaystyle\int_{C_2} z^2 dz = \int_{-\pi/2}^{-3\pi/2} e^{2i\theta} ie^{i\theta} d\theta = \frac{1}{3}(e^{-9\pi i/2} - e^{-3\pi i/2}) = -\frac{2}{3}i$

(2) $\displaystyle\int_{C_1} \frac{\arg z}{z} dz = \int_{-\pi/2}^{\pi/2} \frac{\theta}{e^{i\theta}} ie^{i\theta} d\theta = i\int_{-\pi/2}^{\pi/2} \theta d\theta$

$\displaystyle\qquad\qquad = i\left[\frac{\theta^2}{2}\right]_{-\pi/2}^{\pi/2} = 0$

$\displaystyle\int_{C_2} \frac{\arg z}{z} dz = i\int_{-\pi/2}^{-3\pi/2} \theta d\theta = \pi^2 i$

(3) $\displaystyle\int_{C_1} \frac{1}{z} dz = \int_{-\pi/2}^{\pi/2} e^{-i\theta} ie^{i\theta} d\theta = i[\theta]_{-\pi/2}^{\pi/2} = \pi i$

$\displaystyle\int_{C_2} \frac{1}{z} dz = \int_{-\pi/2}^{-3\pi/2} e^{-i\theta} ie^{i\theta} d\theta = i[\theta]_{-\pi/2}^{-3\pi/2} = -\pi i$

◇問 **4.3**◇ 積分路 C として $(-2, -1)$, $(1, -1)$, $(1, 2)$ を順に結ぶ直線 (C_1) および $(-2, -1)$, $(1, 2)$ を結ぶ直線 (C_2) をとったとき，

$$\oint_C z dz$$

の値を求めよ．

複素積分 (式 (4.3), (4.7)) は本質的には実関数の線積分と同じであるため (被積分関数が正則であるなしにかかわらず)，以下のような性質がある．

(1) α, β を定数としたとき，

$$\int_C (\alpha f(z) + \beta g(z))dz = \alpha \int_C f(z)dz + \beta \int_C g(z)dz \qquad (4.8)$$

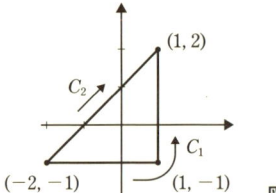

図 4.4 問 4.3 の積分路

(2) 曲線 C の方向を逆にした曲線を $-C$ と記せば

$$\int_C f(z)dz = -\int_{-C} f(z)dz \tag{4.9}$$

(3) 曲線 C を C_1, C_2 に分割したとき

$$\int_C f(z)dz = \int_{C_1} f(z)dz + \int_{C_2} f(z)dz \tag{4.10}$$

(4)

$$\left|\int_C f(z)dz\right| \leq \int_C |f(z)||dz| = \int_{t_a}^{t_b} |f(z(t))|dt \leq ML \tag{4.11}$$

ただし，M は C 上の $|f(z)|$ の最大値，L は C の長さとする．

4.2 コーシーの積分定理

本節では複素関数論でもっとも重要な定理のひとつであるコーシーの積分定理について述べる．この定理は単連結領域で成り立つので，はじめに単連結領域について説明しておく．図 4.5 のように複素平面内の領域を考える．図 4.5(a) のような領域では，この領域内に含まれる任意の閉曲線は領域内で連続的に変形する（たとえば縮める）ことにより，最終的に 1 点にすることができる．ところが，図 4.5(b) の領域では C_1 のような曲線は 1 点にできるが，中にある内部境界を取り囲むような曲線 C_2 は 1 点にすることができない．このような領域を多重連結領域（この場合は 2 重連結領域）という．図 4.5(b) の場合，たとえば領域に図 4.5(c) の AB のような外側境界と内側境界を結ぶ曲線を 1 つ選んで，この曲線によって領域が切断されている（領域内の任意の曲線はこの曲線

を横切れない）とすれば，単連結領域になる（図 4.5(b) の C_2 のような曲線は除外される）．一般にある多重連結領域が $n-1$ 本の切断線によって単連結領域になるとすれば，その領域を n 重連結領域という．この定義から図 4.5(d) は 3 重連結領域である．

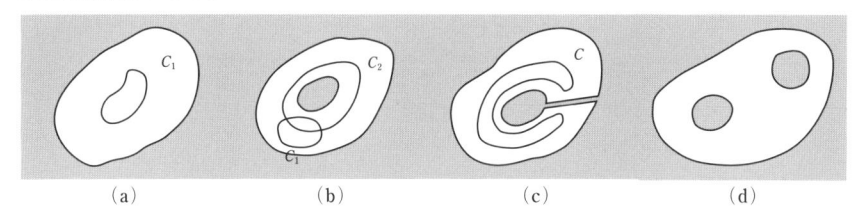

図 4.5 単連結領域と多重連結領域

さて，単連結領域内の閉曲線 C に沿った周回積分 $\oint_C f(z)dz$ を考える．$f(z) = u+iv$ および $dz = dx+idy$ を積分に代入すれば

$$\oint_C f(z)dz = \oint_C (u+iv)(dx+idy) = \oint_C (udx-vdy) + i\oint_C (vdx+udy) \quad (4.12)$$

となる．

ここでグリーン（Green）の公式を利用する．グリーンの公式とはベクトル解析ですでに出てきた基本的な公式で以下のような内容の定理である．

【グリーンの公式】　2 変数の実関数 $f(x,y)$，$g(x,y)$ が閉曲線 C およびその内部領域 S において連続な偏導関数をもつとき次式が成り立つ．

$$\oint_C (fdx + gdy) = \iint_S \left(-\frac{\partial f}{\partial y} + \frac{\partial g}{\partial x} \right) dxdy$$

ただし，線積分は S を左に見るように（反時計まわりに）1 周するものとする．

◇問 **4.4**◇　$f = -y$, $g = x$, さらに閉曲線として点 $(0,0)$, $(1,0)$, $(1,1)$, $(0,1)$ を頂点にもつ正方形をとったとき，グリーンの公式が成り立つことを確かめよ．

式 (4.12) の右辺において u と v が連続な偏導関数をもてば，実部に対して $f = u$, $g = -v$ とおき，虚部に対して $f = v$, $g = u$ とおいてグリーンの公式を用いることにより

$$\oint_C f(z)dz = -\iint_S \left(\frac{\partial u}{\partial y} + \frac{\partial v}{\partial x} \right) dxdy + i\iint_S \left(\frac{\partial u}{\partial x} - \frac{\partial v}{\partial y} \right) dxdy$$

となる．ここで，$f(z)$ が正則であればコーシー・リーマンの関係式が成り立つため右辺の被積分関数は 0 になり，したがって左辺の積分も 0 である．すなわち，単連結領域内で $f(z)$ が正則であり実部と虚部の偏導関数が連続であれば，$\oint_C f(z) = 0$ となる．

これはコーシーによって得られた結論であるが，その後グールサ（Goursat）によって，グリーンの公式を用いず，偏導関数の連続性を仮定せずに同じことが成り立つことが証明されている（付録参照）．さらに，モレラ（Morera）によってこの逆が成り立つこと，すなわち，領域 D 内で $\oint_C f(z)dz = 0$ が成り立てば，その領域内で $f(z)$ が正則であることも証明されている．このことについては後述する．以上のことをまとめれば次のようになる．

関数 $f(z)$ が単連結領域内で正則であるための必要十分条件は，D 内の任意の単一閉曲線 C に対して

$$\oint_C f(z)dz = 0 \tag{4.13}$$

が成り立つことである．

この定理の必要条件，すなわち<u>正則ならば周回積分が 0</u> であるという事実はコーシーの積分定理とよばれ，関数論のもっとも重要な定理の 1 つである．また十分条件の部分はモレラの定理とよばれている．

コーシーの積分定理から単連結領域内で正則な関数に対して，線積分

$$\int_C f(z)dz$$

の値は，積分路の選び方によらず，<u>積分路の両端の値だけで決まる</u>ことが次のようにしてわかる．

いま，図 4.6 に示すような領域内に含まれ，積分路の両端の点を通るような互いに交わらない 2 つの積分路を C_1 と C_2 とする．この 2 つの積分路のうち C_2 を逆向きにたどれば（それを $-C_2$ と記す），内部を左に見るようなひとつの閉曲線 C になる．コーシーの定理および前節で述べた積分の性質（式 (4.9)）から

$$0 = \oint_C f(z)dz = \int_{C_1} f(z)dz + \int_{-C_2} f(z)dz = \int_{C_1} f(z)dz - \int_{C_2} f(z)dz$$

すなわち

$$\int_{C_1} f(z)dz = \int_{C_2} f(z)dz \tag{4.14}$$

となる．C_1 と C_2 は指定された両端を通ること以外は任意であるため，積分値は両端の値だけで決まることがわかる．

なお，図 4.7 の 2 つの積分路 C_1，C_2 はお互いに交わっているが，これら両方と交わらないような C_3 に関する積分を中継することにより，やはり式 (4.14) が成り立つことがわかる．

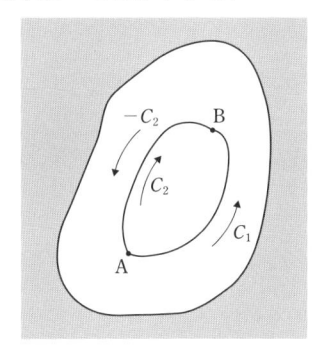

図 4.6 積分路の変形　　　**図 4.7** 種々の積分路

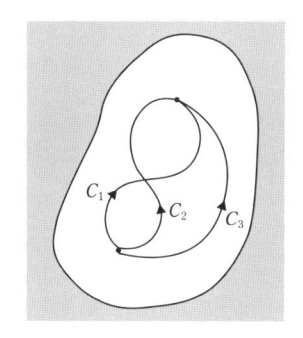

確かに，例題 4.2(a) の関数は正則な領域内に 2 つの積分路があるため，どちらの積分路でも値は同じである．一方，例題 4.2(b) の関数は関数自体が正則でないため，積分値は積分路により異なっている．さらに，例題 4.2(c) の関数は原点を除いて正則であるが，2 つの積分路で囲まれた領域内に正則でない点があるため，やはり積分値が積分路により異なっている．なお，例題 4.2(c) の関数は原点を囲む小領域を除けば正則であるが，このとき領域は 2 重連結領域になっている．したがって，コーシーの積分定理が成り立つためには領域の単連結性が重要になることがわかる．

次に多重連結領域でコーシーの積分定理がどのようになるかを調べてみよう．はじめに図 4.8 のような 2 重連結領域において $f(z)$ は正則であるとする．内部の境界を取り囲み，お互いに交わらないような 2 つの閉曲線 C_1 と C_2 を考える．ただし，C_1 および C_2 は 2 重連結領域に含まれているとする．この 2 重連結領域に図に示すような切断を入れて，切断を横切れないようにすれば，2 重連結領域は単連結領域になおすことができる．この切断に沿って 2 つの閉曲線

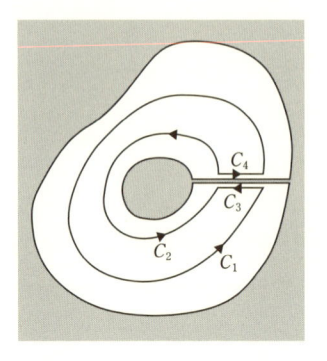

図 4.8 2 種連結領域での積分

を向きの異なる 2 本の線で結びそれを C_3 と C_4 とする．C_3 上の積分と C_4 上の積分は同じ積分路を逆にたどった積分であるから，積分の性質より

$$\int_{C_3} f(z)dz + \int_{C_4} f(z)dz = 0$$

となる．一方 C_1, C_3, $-C_2$, C_4 によってひとつの閉曲線 C になり，しかもそれは単連結領域に含まれている．したがって，コーシーの積分定理から C に沿った積分は 0 となるため

$$\begin{aligned} 0 = \oint_C f(z)dz &= \int_{C_1} f(z)dz + \int_{C_3} f(z)dz + \int_{-C_2} f(z)dz + \int_{C_4} f(z)dz \\ &= \oint_{C_1} f(z)dz - \oint_{C_2} f(z)dz \end{aligned}$$

すなわち

$$\oint_{C_1} f(z)dz = \oint_{C_2} f(z)dz$$

が得られる．このことは，$f(z)$ が正則な領域で積分路は自由に変形できることを示している．

さらに図 4.9 に示すような n 重連結領域について考えてみよう．n 重連結領域であっても，$n-1$ 本の切断を入れることにより単連結領域に直せる．図 4.9 において，n 個の $f(z)$ が正則でないような内部領域を取り囲むような閉曲線を $C_1, C_2, \cdots, C_n$ とし，全体を取り囲むような閉曲線を C として，上と同じように（切断を入れて）考えれば

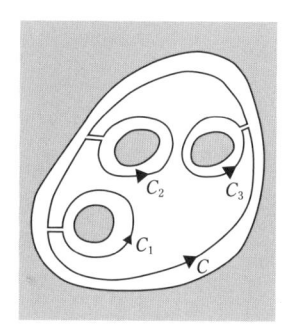

図 4.9　n 重連結領域での積分

$$\oint_C f(z)dz = \oint_{C_1} f(z)dz + \oint_{C_2} f(z)dz + \cdots + \oint_{C_n} f(z)dz \qquad (4.15)$$

が成り立つことがわかる．

【補足】

コーシーの積分定理はグリーンの定理を知らなくても実関数のテイラー（Taylor）展開を使って以下のように考えれば成り立つことが理解できる（厳密な証明ではない）．いま，関数 $f = u + iv$ が正則であるような領域内に，図 4.10 のような座標軸に平行な辺をもつ微小な長方形（周を C_0, 面積を S とする）を考える．このとき Δz は C_1, C_2, C_3, C_4 上で Δx, $i\Delta y$, $-\Delta x$, $-i\Delta y$ となるから

$$\begin{aligned}
\frac{1}{S}\oint_{C_0} fdz &= \frac{1}{S}\left(\int_{C_1} fdz + \int_{C_2} fdz + \int_{C_3} fdz + \int_{C_4} fdz\right) \\
&= \frac{1}{\Delta x \Delta y}\{(u(x, y - \Delta y/2) + iv(x, y - \Delta y/2))\Delta x \\
&\quad + (u(x + \Delta x/2, y) \\
&\quad + iv(x + \Delta x/2, y))i\Delta y \\
&\quad + (u(x, y + \Delta y/2) + iv(x, y + \Delta y/2))(-\Delta x) \\
&\quad + (u(x - \Delta x/2, y) + iv(x - \Delta x/2, y))(-i\Delta y)\} \\
&= \{(u(x, y - \Delta y/2) - u(x, y + \Delta y/2))/\Delta y
\end{aligned}$$

$$+(v(x-\Delta x/2,y)-v(x+\Delta x/2,y))/\Delta x\}$$
$$+i\{(u(x+\Delta x/2,y)-u(x-\Delta x/2,y))/\Delta x$$
$$+(v(x,y+\Delta y/2)-v(x,y-\Delta y))/\Delta y\}$$
$$=\left(-\frac{\partial u}{\partial y}-\frac{\partial v}{\partial x}+O(\Delta x)^2+O(\Delta y)^2\right)$$
$$+i\left(\frac{\partial u}{\partial x}-\frac{\partial v}{\partial y}+O(\Delta x)^2+O(\Delta y)^2\right)$$

が成り立つ．ただし，最後の式を導くとき u, v に対して (x,y) まわりのテイラー展開を用いた．ここで，コーシー・リーマンの方程式を用いれば．

$$\frac{1}{S}\oint_{C_0}f(z)dz=O(h^2)\to 0$$

となる（h は Δx または Δy）．

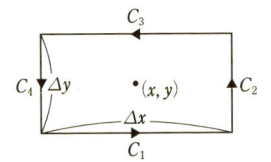

図 4.10 微小長方形

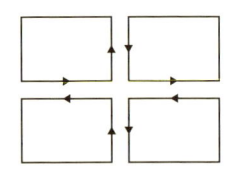

図 4.11 内部の積分の打ち消し

次に多くの格子が互いに隣接している場合，各格子について積分の和を計算すると，格子の一番外側の輪郭を C, 領域の面積を A とした場合

$$\oint_C fdz=\sum\oint_{格子}fdz=\sum SO(h^2)=AO(h^2)\to 0$$

となる．ここで第1式から第2式への変形には，図 4.11 に示すように内部にある格子線に沿う積分は必ず逆方向に 2 回通るため，互いに打ち消し合って 0 になることを使っている．一方，図 4.12 に示すように任意の領域は細かい格子で覆うことができる．したがって，f が正則な任意の領域における周回積分は 0 となり，コーシーの積分定理が成り立つことがわかる．

もし，領域内に特異点があれば周回積分の値は 0 になるとは限らないが，その場合は，図 4.13 に示すように特異点を含む部分を取り除いた領域を考える．すなわち，図に示すような 2 つの閉曲線（外側の輪郭を C_O, 内側の輪郭を C_I （半時計まわりを正）とする）で囲まれた領域内で，関数 f が正則であるとす

4.2 コーシーの積分定理

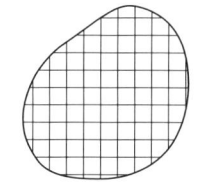

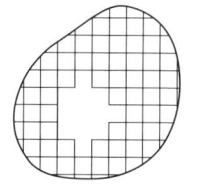

図 4.12 単連結領域の場合 **図 4.13** 二重連結領域の場合

る．そして，この領域を小さな格子の集まりとみなして，各格子の積分を足し合わせると

$$0 = \sum \oint_{格子} f dz = \oint_{C_O} f dz + \oint_{-C_I} f dz$$

となる．したがって

$$\oint_{C_O} f dz = \oint_{C_I} f dz$$

が成り立ち，積分の値は閉曲線によらずに同じであることがわかる．

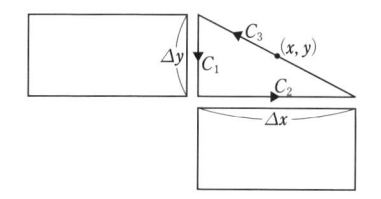

図 4.14 微小直角三角形

なお，領域を格子の集まりで近似すると，境界が曲線の場合，境界は階段状に近似される．もし，この点が気になるようであれば，微小な格子が直角三角形であっても積分の値は 0 になることを補足しておく．すなわち，たとえば図 4.14 のような直角三角形については，C_1, C_2, C_3 で Δz がそれぞれ $-i\Delta y$, Δx, $-\Delta x + i\Delta y$ であるから

$$\begin{aligned}
\frac{1}{S}\oint_C f dz &= \frac{1}{S}\left(\int_{C_1} f dz + \int_{C_2} f dz + \int_{C_3} f dz\right) \\
&= \frac{2}{\Delta x \Delta y}\{(u(x-\Delta x/2, y) + iv(x-\Delta x/2, y))(-i\Delta y) \\
&\quad + (u(x, y-\Delta y/2) + iv(x, y-\Delta y/2))(\Delta x) \\
&\quad + (u(x,y) + iv(x,y))(\Delta x + i\Delta y)\} \\
&= \left(\frac{u(x, y-\Delta y/2) - u(x,y)}{\Delta y} + \frac{v(x-\Delta x/2, y) - v(x,y)}{\Delta x}\right)
\end{aligned}$$

$$+i\left(\frac{u(x,y)-u(x-\Delta x/2,y)}{\Delta x}+\frac{v(x,y)-v(x,y-\Delta y)}{\Delta y}\right)$$
$$=\left(-\frac{\partial u}{\partial y}-\frac{\partial v}{\partial x}+O(\Delta x)+O(\Delta y)\right)$$
$$+i\left(\frac{\partial u}{\partial x}-\frac{\partial v}{\partial y}+O(\Delta x)+O(\Delta y)\right)\to 0$$

となる．

4.3 不定積分

$f(z)$ が単連結領域 D において正則であるとする．前節では $f(z)$ がこのような条件を満たすとき，積分 $\int_C f(z)dz$ は積分路によらず曲線の両端の値のみに依存することを述べた．本節では，この事実を利用すれば $\int_C f(z)dz$ が実関数の場合と同様に不定積分を用いて計算できることを示すことにする．

z を複素数の変数，α を複素数の定数として，α から z に向かうひとつの積分路 C に沿って，積分

$$F(z)=\int_\alpha^z f(\zeta)d\zeta$$

を考える．この表記はいままでのものと異なるが，積分の値が曲線 C の両端（α と z）だけによるためこのように記しても不自然ではない．積分値は z によって変化するため，左辺のように z の関数 $F(z)$ と記している．

z から少し離れた点 $z+\Delta z$ を考える．このとき，積分の性質から

$$\int_\alpha^{z+\Delta z}f(\zeta)d\zeta=\int_\alpha^z f(\zeta)d\zeta+\int_z^{z+\Delta z}f(\zeta)d\zeta$$

となり，上で定義した $F(z)$ を用いれば

$$F(z+\Delta z)=F(z)+\int_z^{z+\Delta z}f(\zeta)d\zeta \tag{4.16}$$

が得られる．ここで Δz が十分に小さければ，右辺第 2 項の積分において被積分関数は積分区間内で近似的に一定値 $f(z)$ であるとみなせるため

$$\int_z^{z+\Delta z}f(\zeta)d\zeta\sim f(z)\int_z^{z+\Delta z}d\zeta=f(z)\Delta z$$

となる．この関係を式 (4.16) に代入すれば

$$\frac{F(z+\Delta z)-F(z)}{\Delta z} \sim f(z)$$

となり，$\Delta z \to 0$ の極限で

$$\frac{dF}{dz} = f(z)$$

となる．したがって，$F(z)$ は $f(z)$ の不定積分であることがわかる．さらに積分の性質から

$$\int_a^b f(z)dz = \int_\alpha^b f(z)dz - \int_\alpha^a f(z)dz$$

であるから，

$$\int_a^b f(z)dz = F(b) - F(a)$$

が成り立つことがわかる．以上のことをまとめれば次のようになる．

$f(z)$ が単連結領域 D において正則であり，$F(z)$ が $f(z)$ の不定積分であれば，D 内の 2 点 a, b をつなぐ D 内の曲線について

$$\int_a^b f(z)dz = F(b) - F(a) \tag{4.17}$$

が成り立つ．

例題 4.3

$f(\zeta)$ が $\zeta = z$ の近傍で正則であるとき，$z \to 0$ の極限で

$$\frac{1}{\Delta z}\int_z^{z+\Delta z} f(\zeta)d\zeta \to f(z)$$

となることを示し，$dF/dz = f(z)$ が成り立つことを（本文よりも厳密に）示せ．

【解】 f は正則なので，積分は経路によらない．そこで，特に積分路として z と $z + \Delta z$ を結ぶ直線 $\zeta = z + t\Delta z$ $(0 \leq t \leq 1)$ をとれば，$d\zeta = \Delta z dt$ であるから，

$$\frac{1}{\Delta z}\int_z^{z+\Delta z} f(\zeta)d\zeta = \int_0^1 f(z+t\Delta z)dt$$

となる．ここで $\Delta z \to 0$ とすれば，被積分関数は t と無関係になって積分の外に出せるため，積分の値は $f(z)$ になる．

この結果と式 (4.16) から，$\Delta z \to 0$ の極限で

$$\frac{F(z+\Delta z)-F(z)}{\Delta z} = \frac{1}{\Delta z}\int_z^{z+\Delta z} f(\zeta)d\zeta \to f(z)$$

であることがわかる．

例題 4.4

不定積分を用いて次の複素積分の値を求めよ．ただし，積分路は積分の下端から上端に至る直線とする．

(1) $\int_0^{\pi i/2} \cosh z\, dz$, (2) $\int_1^{-1+i}(z^3+az+b)dz$

【解】 (1) $\int_0^{\pi i/2}\cosh z\, dz = [\sinh z]_0^{\pi i/2} = \sinh\frac{\pi i}{2} - \sinh 0 = i$

(2) $\int_1^{-1+i}(z^3+az+b)dz = \left[\frac{z^4}{4}+\frac{az^2}{2}+bz\right]_1^{-1+i} = -\frac{5}{4}-\frac{a}{2}-2b+(b-a)i$

◇**問 4.5**◇ 不定積分を用いて次の複素積分の値を求めよ．ただし，積分路は積分の下端から上端に至る直線とする．

(1) $\int_1^i (z+1)^2 dz$, (2) $\int_0^{1+i} z e^{z^2} dz$

4.4 コーシーの積分公式

はじめに，n を正の整数，a を複素数の定数として，次の積分を考える．

$$\oint_C \frac{1}{(z-a)^n}dz$$

このとき，被積分関数は点 $z=a$ を除き正則である．したがって，もし閉曲線 C が点 a を取り囲んでいなければ，積分値は 0 になる．閉曲線が a を取り囲

んでいる場合には，図 4.15 に示すように，積分路を点 $z = a$ を中心とする半径 1 の円 c に変形しても積分値は変わらない（4.2 節参照）．c 上では $z - a = e^{i\theta}$, $dz = ie^{i\theta}d\theta$ であり，円周を 1 周するとき θ は 0 から 2π になる．以上のことを考慮すれば，

$$\oint_C \frac{1}{(z-a)^n}dz = \oint_c \frac{1}{(z-a)^n}dz = \int_0^{2\pi} e^{-in\theta}ie^{i\theta}d\theta = i\int_0^{2\pi} e^{i(1-n)\theta}d\theta$$

$$\begin{cases} = \dfrac{i}{i(1-n)}\left[e^{i(1-n)\theta}\right]_0^{2\pi} = 0 & (n \geq 2) \\ = i\left[\theta\right]_0^{2\pi} = 2\pi i & (n = 1) \end{cases}$$

となる．まとめると，点 a を取り囲む任意の閉曲線 C に対して次の重要な結果が得られる．

$z = a$ が積分路 C 内にあれば

$$\begin{cases} \oint_C \dfrac{1}{z-a}dz = 2\pi i \\ \oint_C \dfrac{1}{(z-a)^n}dz = 0 \quad (n \geq 2) \end{cases} \tag{4.18}$$

以下に式 (4.18) を用いてコーシーの積分公式とよばれる重要な公式を導こう．領域 D 内で正則な 1 価関数 $f(z)$ に対して，積分

$$\oint_C \frac{f(z)}{z-a}dz$$

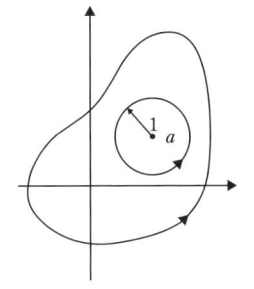

図 4.15 コーシーの積分公式

を考える．ただし，閉曲線 C は点 a を取り囲んでいるとする（取り囲んでいない場合には正則性から積分値は 0 である）．コーシーの積分定理から，点 $z = a$ を取り囲むような閉曲線に対して式 (4.18) の値は変化しないため，特に積分路として点 $z = a$ を取り囲む半径 ε の円 Γ を考える．ε が非常に小さいとき，この円内では，z と a は非常に近いため，$f(z)$（1 価関数）は定数 $f(a)$ と近似的に等しいと考えられ，上式の積分の外に出すことができる．したがって，式 (4.18) を使えば

$$\oint_C \frac{f(z)}{z-a} dz = \oint_\Gamma \frac{f(z)}{z-a} dz$$
$$= f(a) \oint_\Gamma \frac{1}{z-a} dz = 2\pi i f(a)$$

となる．以上のことをまとめると次のことがいえる：

> 関数 $f(z)$ が単連結領域 D において正則で 1 価であるとする．このとき D 内の点 a および点 a を取り囲む任意の（単一）閉曲線 C に対して
>
> $$f(a) = \frac{1}{2\pi i} \oint_C \frac{f(z)}{z-a} dz \qquad (4.19)$$
>
> が成り立つ．この公式をコーシーの積分公式という*．

例題 4.5

上で述べた $f(z)$ と Γ に対して

$$\oint_\Gamma \frac{f(z) - f(a)}{z - a} dz = 0$$

が成り立つことを示し，コーシーの積分公式を（本文よりも厳密に）示せ．

【解】 M を Γ 上における $|f(z) - f(a)|$ の最大値とする．このとき，式

---

* a を変数 z とみなす場合には，式 (4.19) は

$$f(z) = \frac{1}{2\pi i} \oint_C \frac{f(\zeta)}{\zeta - z} d\zeta \qquad (4.20)$$

と書くと都合がよい．

(4.11) を参照して

$$\left|\oint_\Gamma \frac{f(z)-f(a)}{z-a}dz\right| \le \oint_\Gamma \frac{|f(z)-f(a)|}{|z-a|}ds \le \frac{M}{\varepsilon}2\pi\varepsilon = 2\pi M$$

となる．$f(z)$ は点 a で連続であるから，ε を十分に小さくとれば M はいくらでも小さくできるため，上式の右辺は任意の正数より小さくできる．すなわち，例題の式が示されたことになる．

後半は以下のようにする．すなわち，

$$\oint_\Gamma \frac{f(z)}{z-a}dz = \oint_\Gamma \frac{f(z)-f(a)}{z-a}dz + f(a)\oint_\Gamma \frac{1}{z-a}dz$$
$$= \oint_\Gamma \frac{f(z)-f(a)}{z-a}dz + 2\pi f(a)$$

と変形できるため，最右辺の式に例題の結果を用いればコーシーの積分公式を得る．

例題 4.6
C として以下に与えられた点を中心とした半径 1 の円周をとったとき，積分

$$\oint_C \frac{e^z}{z^2-1}dz$$

の値を求めよ．
(1) $z=1$, (2) $z=1/2$, (3) $z=-1$, (4) $z=-i$
【解】 (1) 積分路内の特異点は $z=1$ である．そこでもとの積分を

$$\oint_C \frac{e^z}{z+1}\frac{dz}{z-1}$$

と変形する．そして $f(z)=e^z/(z+1)$ とみなしてコーシーの積分公式を適用すれば

$$\oint_C \frac{e^z}{z^2-1}dz = \oint_C \frac{f(z)}{z-1}dz = 2\pi i f(1) = \frac{2\pi i e}{2} = \pi e i$$

(2) 積分路上および内部において特異点は $z=1$ だけである．したがって，

積分値は (1) と同じで $\pi e i$ である.

(3) 積分路内の特異点は $z = -1$ である. そこでもとの積分は

$$\oint_C \frac{e^z}{z-1}\frac{dz}{z+1}$$

と変形する. そして $f(z) = e^z/(z-1)$ とみなしてコーシーの積分公式を適用すれば

$$\oint_C \frac{e^z}{z^2-1}dz = \oint_C \frac{f(z)}{z+1}dz = 2\pi i f(-1) = -\frac{2\pi i}{2e} = -\frac{\pi i}{e}$$

(4) 積分路上および内部において特異点はない. したがって, コーシーの積分定理から積分値は 0 になる.

◇問 4.6◇ 次の積分の値をコーシーの積分定理, コーシーの積分公式を用いて求めよ.

(1) $\oint_C \frac{z}{z-1}dz$ $(C:|z|=2)$, (2) $\oint_C \frac{1}{z^2-3z+2}dz$ $\left(C:|z-3|=\frac{3}{2}\right)$

例題 4.7

積分路 C_1 として $(1,0)$ から原点を反時計まわりに 1 周して $(1,0)$ に戻る曲線, C_2 として $(0,1)$ から原点を反時計まわりに 1 周して $(0,1)$ に戻る曲線を選んだとき

(1) $\int_{C_1} \sqrt{z}dz$, (2) $\int_{C_2} \sqrt{z}dz$

の値を求めよ. この結果はコーシーの積分公式と矛盾しないか.

【解】 $z = e^{i\theta}$ とおくと $dz = ie^{i\theta}d\theta$ となり, C_1 上では θ は 0 から 2π に変化し, C_2 上では θ は $\pi/2$ から $5\pi/2$ に変化する. したがって,

$$(1) \int_{C_1} \sqrt{z}dz = \int_0^{2\pi} e^{i\theta/2}ie^{i\theta}d\theta = \frac{2}{3}\left[e^{3i\theta/2}\right]_0^{2\pi}$$

$$= \frac{2}{3}(e^{3\pi i} - 1) = -\frac{4}{3}$$

(2) $\int_{C_2} \sqrt{z}dz = \int_{\pi/2}^{5\pi/2} e^{i\theta/2} ie^{i\theta} d\theta = \frac{2}{3} \left[e^{3i\theta/2} \right]_{\frac{\pi}{2}}^{\frac{5}{2}\pi}$
$= \frac{2}{3}(e^{15i\pi/4} - e^{3i\pi/4}) = \frac{2}{3}\sqrt{2}(1-i)$

実は $\sqrt{z}$ は多価関数（2 価関数）であり，リーマン面を考えてもわかるように原点を 2 周してはじめてもとの価に戻る．言い換えれば，原点を 1 周しただけでは曲線は閉じていないため，コーシーの積分公式は適用できない．また，(1) と (2) は曲線の別の部分に沿う積分になっているため，値は等しくない．

　コーシーの積分公式は領域内の任意の点における正則関数 f の値が，その点を取り囲むような任意の閉曲線上の f の値から計算できること，すなわち任意の点の値がそれを取り囲む任意の曲線の周上にある点の値で決まるという驚くべき事実を表している．それでは，任意の点における導関数の値については何がいえるであろうか．次にこのことについて考える．

　点 $z = a$ における導関数の値を求める定義式は

$$f'(a) = \lim_{\Delta z \to 0} \frac{f(a + \Delta z) - f(a)}{\Delta z}$$

である（この式の右辺の値が $\Delta z \to 0$ の近づけ方によらずに一定値になるならば導関数が存在することになる）．この式の右辺の極限をとる前の式に，コーシーの積分公式を適用すれば

$$\frac{f(a + \Delta z) - f(a)}{\Delta z} = \frac{1}{2\pi i \Delta z} \left(\oint_C \frac{f(z)}{z - (a + \Delta z)} dz - \oint_C \frac{f(z)}{z - a} dz \right)$$
$$= \frac{1}{2\pi i \Delta z} \oint_C f(z) \left(\frac{1}{z - (a + \Delta z)} - \frac{1}{z - a} \right) dz$$
$$= \frac{1}{2\pi i} \oint_C f(z) \left(\frac{1}{(z - (a + \Delta z))(z - a)} \right) dz$$

となる．したがって，$\Delta z \to 0$ のとき

$$f'(a) = \frac{1}{2\pi i} \oint_C \frac{f(z)}{(z-a)^2} dz \tag{4.21}$$

となる．

同様に考えれば，この公式は一般化できて

$$f^{(n)}(a) = \frac{n!}{2\pi i} \oint_C \frac{f(z)}{(z-a)^{n+1}} dz$$

であることが証明できる．この公式は $f(z)$ が正則であれば，n 階微分の存在およびその計算法を示す式になっている．正則性とは1回微分できることを意味したが，上の式から，複素関数では1回微分できれば何回でも微分できることがわかる．この性質は実関数では必ずしも成り立たないことであり，正則関数のもつ著しい性質である．以上のことをまとめれば次のことがいえる：

> 関数 $f(z)$ が領域 D で正則であれば，すべての階数の導関数をもち，それらも正則である．そして，D 内の点 a における導関数の値は
>
> $$f^{(n)}(a) = \frac{n!}{2\pi i} \oint_C \frac{f(z)}{(z-a)^{n+1}} dz \quad (n:\text{正整数}) \tag{4.22}$$
>
> で与えられる．ただし C は D 内にある点 a を囲む閉曲線で周回積分は反時計まわりに計算する*．

不定積分の説明において，$f(z)$ の積分値が曲線の両端の値のみによるのは，$f(z)$ が正則であり，したがってコーシーの定理から $\oint_C f(z)dz = 0$ となることを根拠にしていた．しかし，実は $f(z)$ の正則性とは無関係に，$f(z)$ が連続でありかつ任意の閉曲線 C に対して $\oint_C f(z)dz = 0$ が成り立つことを使っただけであった．したがって，これらの2つのことを仮定すれば，不定積分

$$F(z) = \int_a^z f(\zeta) d\zeta$$

が定義できて，$F(z)$ に対して極限値

$$\lim_{\Delta z \to 0} \frac{F(z+\Delta z) - F(z)}{\Delta z}$$

---

* a を変数 z とみなす場合には，式 (4.22) は

$$f^{(n)}(z) = \frac{n!}{2\pi i} \oint_C \frac{f(\zeta)}{(\zeta-z)^{n+1}} d\zeta \tag{4.23}$$

と書くと都合がよい．

4.4 コーシーの積分公式

が $\Delta z \to 0$ の近づけ方によらず存在し，その値が $f(z)$ になることがいえる．このことは関数 $F(z)$ が正則（微分可能）であることを意味している．一方，式 (4.21) のところで述べた事実から，$F(z)$ が正則であれば，その導関数 $f(z)$ も正則であることがわかる．以上のことから，$f(z)$ が連続でありかつ任意の閉曲線 C に対して $\oint_C f(z)dz = 0$ が成り立てば，$f(z)$ が正則であることがわかる．これにより，コーシーの定理において証明を省略した十分条件（モレラの定理）が証明できたことになる．

最後に式 (4.21) を用いてリュービル (Liouville) の定理とよばれる次の事実を証明しておこう：

> 関数 $f(z)$ が（無限遠点を含めて）すべての z について正則であり，その絶対値が有界ならば，$f(z)$ は定数である．

なぜなら，$f(z)$ は有界であるから，すべての a に対して $|f(a)| < M$ となる．したがって，式 (4.20) および積分の性質から

$$|f'(a)| = \frac{1}{2\pi}\left|\oint_C \frac{f(z)}{(z-a)^2}dz\right| \le \frac{1}{2\pi}M\frac{1}{r^2}2\pi r = \frac{M}{r}$$

となる．ただし，C として中心が a で半径 r の円をとっている．r はいくらでも大きくとれるため，$f'(a)$ はすべての a に対して 0 となり，上の主張が証明される*．

例題 4.8

【代数学の基本定理】 n 次代数方程式

$$f(z) = a_0 z^n + a_1 z^{n-1} + \cdots + a_{n-1}z + a_n = 0 \quad (n \le 1)$$

は重根を含めて複素数の範囲で n 個の根をもつ．

【解】 背理法で証明する．もし上式が根を 1 つももたないとする．このとき，

---

* この証明の中で式 (4.21) を用いて得られた不等式において，式 (4.21) のかわりに式 (4.22) を用いれば

$$|f^n(a)| \le \frac{n!M}{r^n} \quad (4.22)$$

が得られる．これをコーシーの不等式とよんでいる．

$$g(z) = \frac{1}{f(z)}$$

は無限遠点を含めて全領域で正則になる．したがって，リュービルの定理から $g(z)$ は定数になり，仮定に反する．これは $f(z)$ が少なくとも 1 つの根をもつことを意味する．いま，その 1 つの根を z_1 とすれば，

$$f(z) = (z - z_1)h(z)$$

と書くことができ，$h(z)$ は $n-1$ 次式になる．次に $h(z)$ に対して同じ論法を用いれば，$h(z)$ は少なくとも 1 つの根 z_2 をもつことがわかる．同様に続ければ，$f(z)$ は n 個の根を複素数の範囲でもつことがわかる．

▷章末問題◁

[4.1] 次の複素積分の値を求めよ．

(1) $\int_C |z|^2 dz \quad (C : |z| = 1 \text{ の上半分})$,

(2) $\int_C \mathrm{Re}\, z\, dz \quad (C : (0, -1), (2, 3) \text{ を結ぶ直線})$,

[4.2] 不定積分を用いて次の複素積分の値を求めよ．

(1) $\int_{1+i}^{1-i} z^3 dz, \quad \int_0^i \sinh z\, dz, \quad (3) \int_{-\pi i}^0 z \cos z\, dz$

[4.3] コーシーの積分公式（または積分定理）を用いて複素積分

$$\oint_C \frac{z^3}{(z-2)(z+1)}$$

の値を，C が次の場合について求めよ．

(1) $|z| = \sqrt{2}$, (2) $|z - i| = 3$,

(3) $z = 1 - i, z = 1 + i, z = -4 + i$ を頂点にもつ三角形

[4.4] $\log z$ を単位円に沿って次の場合について積分せよ．

(1) 点 $(1,0)$ から出発して反時計まわりに原点を 1 周する．

(2) 点 $(0,1)$ から出発して反時計まわりに原点を 2 周する．

[4.5] 式 (4.11) が成り立つことを示せ．

5

関 数 の 展 開

5.1 べ き 級 数

　本節ではべき級数に関する基礎事項を証明なしにまとめておく．これらの事項を数列から始めて議論するにはかなりの紙数を必要とする一方で，実用的な見地からはこれらのことがらを事実として知っておくだけで十分だと思われるからである．数学的に厳密な議論は他書にまかせることにする．
　z を変数，z_0 を定数としたとき，級数

$$S_n = \sum_{m=0}^{n} a_m(z-z_0)^m = a_0 + a_1(z-z_0) + \cdots + a_n(z-z_0)^n$$

の値は z の関数になる．この S_n (部分和という) がつくる数列 $S_0, S_1, \cdots, S_n, \cdots$ も z の関数であるが，この数列がある点 z において収束して $f(z)$ になったとする．このとき，

$$f(z) = \sum_{m=0}^{\infty} a_m(z-z_0)^m = a_0 + a_1(z-z_0) + \cdots + a_m(z-z_0)^m + \cdots \quad (5.1)$$

と書いて，べき級数は点 z において収束するという．収束しないとき，発散するという．この定義は，実数のべき級数を形式的に複素数に拡張したものになっている．

> **例題 5.1**
> べき級数
> $$f(z) = 1 + z + z^2 + \cdots + z^n + \cdots$$
> の収束，発散を調べよ．

【解】 部分和を計算すれば

$$S_n = 1 + z + \cdots + z^n = \frac{1-z^{n+1}}{1-z} \quad (z \neq 1)$$
$$S_n = n+1 \quad (z=1)$$

となる．ここで $n \to \infty$ とすれば，z^n は $|z| < 1$ のとき 0 に近づくが，$|z| > 1$ ならば絶対値がいくらでも大きくなる．また $z = 1$ のときも S_n は限りなく大きくなる．したがって，

$$\begin{cases} f(z) = 1 + z + z^2 + \cdots + z^n + \cdots = \dfrac{1}{1-z} \quad (|z| < 1) \\[2mm] f(z) = 発散 \quad (|z| > 1, z = 1) \end{cases} \tag{5.2}$$

一般にべき級数には，この例が示すように，ある正数 R（例題 5.1 では 1）があり，$|z - z_0| < R$ のとき収束し，$|z - z_0| > R$ のとき発散する．この R のことをべき級数の収束半径とよび，また円 $|z - z_0| = R$ を収束円とよぶ．なお，収束円上の点ではべき級数が収束することもあり，発散することもある．

べき級数には以下に示すような重要な性質がある．

(1) べき級数で表される関数 $f(z)$ は収束円の内部で正則である．

(2) したがって，べき級数は収束円の内部で微分可能であるが，それは式 (5.1) を項別に微分して得られるべき級数と一致する．すなわち

$$f'(z) = \sum_{m=1}^{\infty} m a_m (z - z_0)^{m-1}$$

このべき級数の収束半径はもとのべき級数と同じである．

(3) べき級数は収束円の内部で積分可能であるが，それは式 (5.1) を項別に積分して得られるべき級数と一致する．すなわち

$$\int_C f(z) dz = \sum_{m=0}^{\infty} a_m \int_C (z - z_0)^m dz$$

このべき級数の収束半径はもとのべき級数と同じである．

例題 5.2

上に述べた性質 (2) を証明せよ．

【解】 簡単のため $z_0 = 0$ とおき，2つのべき級数

$$f(z) = \sum_{m=0}^{\infty} a_m z^m \tag{a}$$

$$f'(z) = \sum_{m=1}^{\infty} m a_m z^{m-1} \tag{b}$$

の収束半径が同じであること，言い換えれば，式 (a) の収束半径を R，式 (b) の収束半径を R' としたとき，$R = R'$ であることを示す．

式 (b) の各項に z を掛けた $\sum_{m=1}^{\infty} m a_m z^m$ の収束半径も R' である．一方，$m \geq 1$ ならば $|m a_m z^m| \geq |a_m z^m|$ であるので，$|z| < R'$ を満たす z に対して式 (a) も収束する．すなわち，$R' \leq R$ である．

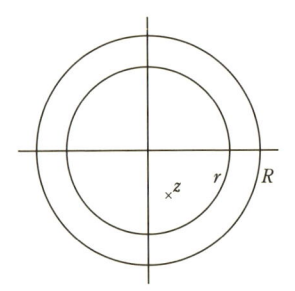

図 5.1 収束円

次に式 (a) の収束円内に任意の点 z をとると，$|z| < r < R$ を満足する正数 r が存在する（図 5.1）．級数 $\sum_{m=0}^{\infty} a_m r^m$ は収束するため，$\lim_{m \to \infty} |a_m r^m| = 0$ が成り立つが，このことはすべての m に対して $|a_m r^m| \leq M$ を満たす正の定数 M が存在することを意味している．そこで，式 (b) に対して

$$|m a_m z^{m-1}| = \frac{m}{|z|} |a_m r^m| \left|\frac{z}{r}\right|^m \leq \frac{Mm}{|z|} \left(\frac{|z|}{r}\right)^m$$

が成り立つ．一方，$|z|/r < 1$ より，級数 $\sum_{m=1}^{\infty} m(|z|/r)^m$ は収束する．

したがって，$\sum_{m=1}^{\infty}|ma_m z^{m-1}|$ も収束する．これは式 (a) の収束円内の任意の点が式 (b) の収束円に含まれること，言い換えれば $R' \geq R$ であることを意味している．このこととすでに得られた不等式 $R' \leq R$ から $R = R'$ が成り立つことが証明された．

べき級数に対してその収束半径を求めることが実用上重要になる．この点に関して以下の2つの方法がある．

(A) ダランベール（D'Alembert）の方法

$$\frac{1}{R} = \lim_{n \to \infty} \left| \frac{a_{n+1}}{a_n} \right| \tag{5.3}$$

(B) コーシー・アダマール（Hadamard）の方法

$$\frac{1}{R} = \overline{\lim_{n \to \infty}} |a_n|^{1/n} \tag{5.4}$$

ただし，これらの公式は右辺が確定値をとるとき使える．また右辺が 0 ならば $R = \infty$（全領域で収束）であり，右辺が ∞ ならば $R = 0$（全領域で発散）である．

厳密な証明は行わないが，これらの方法で収束半径が求められることを理解するには以下のように考えればよい．

(A) については，無限級数

$$f(z) = \sum_{n=0}^{\infty} |a_n| z^n \tag{5.5}$$

の隣り合う項の比の絶対値をとると

$$\left| \frac{a_{n+1} z^{n+1}}{a_n z^n} \right| = \left| \frac{a_{n+1}}{a_n} \right| |z|$$

となる．ここで，もし $n \to \infty$ のとき $|a_{n+1}/a_n|$ が存在するとして，それを r と書くことにすると，無限級数 (5.5) は n が十分大きなところで公比 $r|z|$ の等比級数に近づく．したがって，$r|z| < 1$ すなわち $|z| < 1/r$ ならば級数は収束し，$|z| > 1/r$ ならば発散するため，収束半径は $1/r$（$= R$）となる．

(B) については
$$|a_n z^n| = (|a_n|^{1/n}|z|)^n$$
とみなす．その上で，$n \to \infty$ のとき $|a_n|^{1/n}$ が存在するとして，それを r と書いて，上と同じように考えればよい．

例題 5.3
次のべき級数の収束半径を求めよ．

(1) $\sum_{n=1}^{\infty} \dfrac{z^2}{n^2}$,　　(2) $\sum_{n=0}^{\infty} n! z^n$,　　(3) $\sum_{n=1}^{\infty} \dfrac{10^n}{n!} z^n$,　　(4) $\sum_{n=0}^{\infty} 3^n z^{2n}$

【解】 (1), (2), (3) についてはダランベールの方法，(4) については項が 1 つおきになっていてダランベールの方法が使えないためコーシー・アダマールの方法を用いる．

(1) $\dfrac{1}{R} = \lim_{n \to \infty} \left| \dfrac{1/(n+1)^2}{1/n^2} \right| = \lim_{n \to \infty} \left| \dfrac{n^2}{(n+1)^2} \right| = \lim_{n \to \infty} \left| \dfrac{1}{(1+1/n)^2} \right| = 1$

より $R = 1$

(2) $\dfrac{1}{R} = \lim_{n \to \infty} \left| \dfrac{(n+1)!}{n!} \right| = \lim_{n \to \infty} (n+1) = \infty$ より $R = 0$

(3) $\dfrac{1}{R} = \lim_{n \to \infty} \left| \dfrac{10^{n+1}/(n+1)!}{10^n/n!} \right| = \lim_{n \to \infty} \left| \dfrac{10}{n+1} \right| = 0$ より $R = \infty$

(4) この場合，奇数のべきの項が 0 であるため次のようにする．

$\dfrac{1}{R} = \overline{\lim_{n \to \infty}} |a_n|^{1/n} = \lim_{n \to \infty} |a_{2n}|^{1/2n} = \lim_{n \to \infty} |3^n|^{1/2n} = \sqrt{3}$ より $R = \dfrac{1}{\sqrt{3}}$

◇問 **5.1**◇　次のべき級数の収束半径を求めよ．

(1) $\sum_{n=1}^{\infty} \dfrac{n^3}{3^n} z^n$,　　(2) $\sum_{n=0}^{\infty} \dfrac{(2n)!}{(n!)^2} z^n$,　　(3) $\sum_{n=1}^{\infty} n^{-n} z^n$

5.2 テイラー展開

前節ではべき級数
$$f(z) = \sum_{m=0}^{\infty} a_m (z - z_0)^m = a_0 + a_1(z - z_0) + \cdots + a_m(z - z_0)^m + \cdots$$

5.2 テイラー展開

は収束円内で正則であり項別微分が可能であることを述べた．正則関数は何回でも微分可能であるから，このべき級数も何回でも項別微分可能である．

前節では，式 (5.1) は右辺が与えられたとき，その和として左辺を定義する式とみなしたが，本節では逆に左辺の正則関数 $f(z)$ が与えられたとき，それをべき級数で表現する式とみなしてみよう．このとき，まず式 (5.1) に $z = z_0$ を代入すれば，

$$a_0 = f(z_0)$$

となる．次に両辺を 1 回微分すれば

$$f'(z) = a_1 + 2a_2(z - z_0) + \cdots + ma_m(z - z_0)^{m-1} + \cdots$$

となるから，$z = z_0$ とおいて

$$a_1 = f'(z_0)$$

が得られる．同様に m 階微分すれば

$$f^{(m)}(z) = m! a_m + (m+1)!(z - z_0) + \cdots$$

となるため，$z = z_0$ とおいて

$$a_m = \frac{f^{(m)}(z_0)}{m!} \tag{5.6}$$

が得られる．以上のことから，ある正則関数 $f(z)$ が式 (5.1) の形に書けたと仮定した場合，その係数は式 (5.6) で与えられること，すなわち

$$\begin{aligned}
f(z) &= \sum_{m=0}^{\infty} \frac{f^{(m)}(z_0)}{m!} (z - z_0)^m \\
&= f(z_0) + \frac{f'(z_0)}{1!}(z - z_0) + \cdots + \frac{f^{(m)}(z_0)}{m!}(z - z_0)^m + \cdots
\end{aligned} \tag{5.7}$$

が成り立つことがわかる．式 (5.7) を正則関数 $f(z)$ のテイラー展開という．

任意の正則関数 $f(z)$ が与えられた場合，それがべき級数の形に書けるかどうかはいまのところ不明である．しかし，式 (5.6) を用いれば式 (5.7) の右辺が計

算できるため，その和が確かに $f(z)$ になることを証明しておけば，どのような正則関数に対しても式 (5.7) が成り立つことがわかる．以下，このことを証明しておこう．式 (4.22) から

$$f^{(m)}(z_0) = \frac{m!}{2\pi i} \oint_C \frac{f(\zeta)}{(\zeta - z_0)^{m+1}} d\zeta \tag{5.8}$$

となるから，この関係を式 (5.7) の右辺に代入すれば

$$\sum_{m=0}^{\infty} \frac{f^{(m)}(z_0)}{m!} (z - z_0)^m = \frac{1}{2\pi i} \sum_{m=0}^{\infty} (z - z_0)^m \oint_C \frac{f(\zeta)}{(\zeta - \zeta_0)^{m+1}} d\zeta$$

$$= \frac{1}{2\pi i} \oint_C f(\zeta) \sum_{m=0}^{\infty} \frac{(z - z_0)^m}{(\zeta - z_0)^{m+1}} d\zeta \tag{5.9}$$

となる．ここで点 ζ, z はそれぞれ C 上および C 内の点であるため $|(z-z_0)/(\zeta-z_0)| < 1$ が成り立つ．したがって

$$\frac{1}{\zeta - z} = \frac{1}{(\zeta - z_0) - (z - z_0)} = \frac{1}{\zeta - z_0} \frac{1}{1 - (z - z_0)/(\zeta - z_0)}$$
$$= \frac{1}{\zeta - z_0} \sum_{m=0}^{\infty} \left(\frac{z - z_0}{\zeta - z_0} \right)^m$$

と書ける．ただし $|a| < 1$ $(a = (z - z_0)/(\zeta - z_0))$ のとき

$$\frac{1}{1-a} = 1 + a + a^2 + \cdots = \sum_{n=0}^{\infty} a^n$$

となることを用いている．したがって，式 (5.9) の右辺は

$$\frac{1}{2\pi i} \oint_C \frac{f(\zeta)}{\zeta - z} dz$$

となるが，これは $f(z)$ と等しい（コーシーの積分公式）ため，証明が終わる．

例題 5.4

次の関数を $z = 0$ のまわりでテイラー展開せよ．

(1) $f(z) = e^z$, (2) $f(z) = \sin z$

【解】 (1) e^z は z で何回微分しても e^z であり，また $e^0 = 1$ である．した

がって，式 (5.7) で $z_0 = 0$ とおいてこのことを使えば

$$e^z = 1 + \frac{z}{1!} + \frac{z^2}{2!} + \cdots = \sum_{n=0}^{\infty} \frac{z^n}{n!}$$

となる．
(2) $(\sin z)' = \cos z,\ (\cos z)' = -\sin z$ などから

$$(\sin z)^{(2m)} = (-1)^m \sin z, \quad (\sin z)^{(2m+1)} = (-1)^m \cos z$$

となる．すなわち，$f(z) = \sin z$ のとき

$$f(0)^{(2m)} = 0, \quad f(0)^{(2m+1)} = (-1)^m \cos 0 = (-1)^m$$

であるため，式 (5.7) で $z = 0$ とおいた式は

$$\sin z = \frac{z}{1!} - \frac{z^3}{3!} + \frac{z^5}{5!} - \cdots = \sum_{m=0}^{\infty} \frac{(-1)^m}{(2m+1)!} z^{2m+1}$$

となる．

なお，これらの級数は $z = \infty$ を除くすべての点において収束する．

◇**問 5.2**◇　次の関数を $z = 0$ のまわりでテイラー展開せよ．

(1) $f(z) = \cos z$, 　(2) $f(z) = \sinh z$

ここでは証明しないが，ある正則関数 $f(z)$ に対してテイラー展開は一通りであることが知られている．したがって，テイラー展開を求めるには式 (5.7) の公式をそのまま適用しなくても，$f(z)$ が別のなんらかの方法でべき級数に展開されていれば，それが唯一のテイラー展開になる．ある関数の高階微分の計算は一般に非常にめんどうなため，可能ならば別の方法でべき級数を求めるのがよい．以下に実際にテイラー展開を求める実用的な方法のいくつかを例示する．
【幾何級数の応用】　$|t| < 1$ のとき

$$\frac{1}{1-t} = 1 + t + t^2 + \cdots = \sum_{n=0}^{\infty} t^n$$

が成り立つことは例題 5.1 で述べた．この関係は以下のように応用できる．

例題 5.5

次の関数を括弧内の点のまわりにテイラー展開せよ．

(1) $f(z) = \dfrac{1}{2+z}$ $(z = 0)$, (2) $f(z) = \dfrac{1}{z^2 - 3z + 2}$ $(z = 0)$,

(3) $f(z) = \dfrac{1}{1-z}$ $(z = -2)$

【解】 (1) $t = -z/2$ と考え以下のように変形する．

$$\frac{1}{2+z} = \frac{1}{2}\frac{1}{1-(-z/2)} = \frac{1}{2}\left(1 + \frac{-z}{2} + \left(\frac{-z}{2}\right)^2 + \cdots\right)$$
$$= \frac{1}{2} - \frac{z}{2^2} + \frac{z^2}{2^3} - \frac{z^3}{2^4} + \cdots$$

(2) 部分分数に分解した上で (1) と同じように考える．

$$\frac{1}{z^2 - 3z + 2} = \frac{1}{(z-2)(z-1)} = \frac{1}{1-z} - \frac{1}{2-z}$$
$$= (1 + z + z^2 + \cdots) - \frac{1}{2}\left(1 + \frac{z}{2} + \left(\frac{z}{2}\right)^2 + \cdots\right)$$
$$= \frac{1}{2} + \frac{3}{4}z + \frac{7}{8}z^2 + \frac{15}{16}z^3 + \cdots$$

(3) $z + 2$ のべきで表すため，$1 - z = 3 - (z+2) = 3(1 - (z+2)/3)$ と考える．

$$\frac{1}{1-z} = \frac{1}{3}\frac{1}{1-(z+2)/3} = \frac{1}{3}\left(1 + \left(\frac{z+2}{3}\right) + \left(\frac{z+2}{3}\right)^2 + \cdots\right)$$
$$= \frac{1}{3} + \frac{1}{3^2}(z+2) + \frac{1}{3^3}(z+2)^2 + \frac{1}{3^4}(z+2)^3 + \cdots$$

【積分の利用】 積分を利用してテイラー展開を求めることもある．

例題 5.6

次の関数をテイラー展開せよ．

(1) $f(z) = \log(1-z)$, (2) $f(z) = \tan^{-1} z$

【解】

$$\frac{1}{1-t} = 1 + t + t^2 + t^3 + \cdots$$

$$\frac{1}{1+t^2} = 1 - t^2 + t^4 - t^6 + \cdots \text{(上の例で } t \text{ を} -t^2 \text{で置き換える)}$$

を 0 から z まで積分する．このとき次のようになる．

(1) $\displaystyle \log(1-z) = \int_0^z \frac{1}{1-t} dt = \int_0^z (1 + t + t^2 + \cdots) dt$

$\displaystyle \qquad\qquad = \left[t + \frac{t^2}{2} + \frac{t^3}{3} + \cdots \right]_0^z = z + \frac{z^2}{2} + \frac{z^3}{3} + \cdots$

(2) $\displaystyle \tan^{-1} z = \int_0^z \frac{1}{1+t^2} dt = \int_0^z (1 - t^2 + t^4 - \cdots) dt$

$\displaystyle \qquad\qquad = z - \frac{z^3}{3} + \frac{z^5}{5} - \frac{z^7}{7} + \cdots$

【既知の展開の利用】　すでにわかっている関数のテイラー展開を利用することも考えられる．

例題 5.7

次の関数の $z = 0$ のまわりのテイラー展開の最初の 3 項を求めよ．

(1) $f(z) = \cosh z$,　　(2) $f(z) = \dfrac{1}{(z-1)^2}$,　　(3) $f(z) = \tan z$

【解】　(1) $e^z = 1 + z/1! + z^2/2! + \cdots$ の z のかわりに $-z$ を代入して $e^{-z} = 1 - z/1! + z^2/2! - \cdots$．したがって，

$$\cosh z = \frac{1}{2}(e^z + e^{-z}) = 1 + \frac{z^2}{2!} + \frac{z^4}{4!} + \cdots$$

(2) $1/(1-z) = 1 + z + z^2 + z^3 + \cdots$ の両辺を z で微分すれば

$$\frac{1}{(z-1)^2} = 1 + 2z + 3z^2 + \cdots$$

(3) $\sin z = \cos z \tan z$ であることと $\tan z$ が奇関数であるため $\tan z = a_1 z + a_3 z^3 + a_5 z^5 + \cdots$ と書けることを利用する．すなわち

$$z - \frac{z^3}{3!} + \frac{z^5}{5!} + \cdots = \left(1 - \frac{z^2}{2!} + \frac{z^4}{4!} - \cdots\right)(a_1 z + a_3 z^3 + \cdots)$$

であるから，右辺を展開して各べきを比較すれば

$$1 = a_1, \quad -\frac{1}{3!} = -\frac{a_1}{2!} + a_3, \quad \frac{1}{5!} = \frac{a_1}{4!} - \frac{a_3}{2!} + a_5$$

となる．これらから未定の係数が定まり

$$\tan z = z + \frac{1}{3} z^3 + \frac{2}{15} z^5 + \cdots$$

◇問 **5.3**◇　次の関数を $z = 0$ のまわりにテイラー展開せよ．

(1) $f(z) = \dfrac{1}{1 - z^3}$,　(2) $f(z) = \sin(z^2)$

◇問 **5.4**◇　次の関数を $z = 0$ のまわりにテイラー展開したときの最初の 3 項を求めよ．

(1) $f(z) = \dfrac{1}{1 - (z^2 + z^3)}$,　(2) $f(z) = \displaystyle\int_0^z e^{-t^2} dt$

【補足】　解析接続

$1/(1-z)$ を原点まわりにテイラー展開すれば

$$\frac{1}{1-z} = 1 + z + z^2 + \cdots = \sum_{n=0}^{\infty} z^n = f_1(z)$$

となる．右辺の級数の収束半径は 1 であり，$|z| < 1$ のとき収束して正則関数になる．いま $|a| < 1$ として同じ関数を点 $z = a$ のまわりでテイラー展開してみよう．このとき，

$$\begin{aligned}
\frac{1}{1-z} &= \frac{1}{1 - a - (z-a)} = \frac{1}{1-a} \frac{1}{1 - (z-a)/(1-a)} \\
&= \frac{1}{1-a} \left(1 + \left(\frac{z-a}{1-a}\right) + \left(\frac{z-a}{1-a}\right)^2 + \cdots + \left(\frac{z-a}{1-a}\right)^n + \cdots\right) \\
&= \sum_{n=0}^{\infty} \left(\frac{1}{1-a}\right)^{n+1} (z-a)^n = f_2(z)
\end{aligned}$$

となる．このべき級数の収束半径は $|1-a|$ である．図 5.2 にそれぞれの収束円 (D_1 と D_2) を示しているが，重なり部分がある．この重なり部分ではどちらの級数も意味をもち，正則関数を表すが，これらはもともと同じ関数 $1/(1-z)$ を展開したものであるためこの部分で一致している．$z=0$ を中心にもつべき級数を $f_1(z)$，$z=a$ を中心にもつべき級数を $f_2(z)$ として，それらをあわせてひとつの関数であると考えれば，この関数は領域 $D_1 + D_2$ で正則になる．そして，この関数はもとのべき級数がそれぞれもっていた収束域よりも広い収束域をもっている．f_1 をもとに考えた場合，f_2 は f_1 の解析接続とよび，f_1 は f_2 によって領域 D_2 に解析接続されたという．

このようにして，テイラー展開を用いて次々に解析接続を行ってべき級数の収束域を拡大していくことができる．そして解析接続を最大限行って最大の領域を定義域にもつような正則関数を $f_1(z)$ によって定められる解析関数という．この例では $z=1$ を除く全平面に解析接続できる．そしてこの解析接続によって定められる解析関数は $f(z) = 1/(1-z)$ である．点 $z=1$ は解析接続によって内部に取り込むことができないが，そのような点を特異点という．

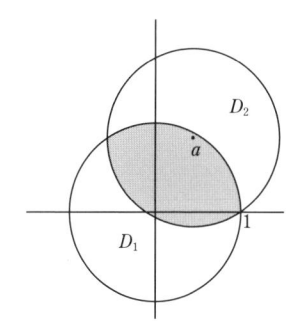

図 5.2 2 つのべき級数の収束用

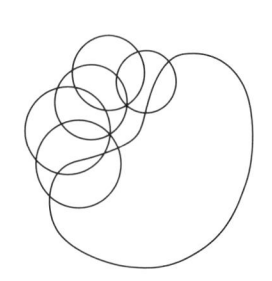

図 5.3 解析接続

なお，図 5.3 に示すようにある点からはじめて次々に解析接続を行った結果もう一度もとの領域と共通部分をもったとする．もしこの共通領域で関数が一致する場合は，$f_1(z)$ によって決まる関数は 1 価関数であるといい，そうでない場合には多価関数であるという．

5.3 ローラン展開

テイラー展開を負のべきまで拡張した次の級数

$$f(z) = \sum_{n=-\infty}^{\infty} a_n(z-z_0)^n$$
$$= \cdots + a_{-2}(z-z_0)^{-2} + a_{-1}(z-z_0)^{-1} + a_0 + a_1(z-z_0) + \cdots \quad (5.10)$$

を考えよう．この級数を便宜的に

$$S_1 = a_{-1}(z-z_0)^{-1} + a_{-2}(z-z_0)^{-2} + \cdots$$
$$S_2 = a_0 + a_1(z-z_0) + a_2(z-z_0)^2 + \cdots$$

というように負のべき級数の部分とふつうのテイラー級数の部分に分ける．S_2 については z_0 を中心とした半径 R_2（係数 a_n に依存）の円内で収束する．一方，負のべき級数については z_0 を中心とした半径 R_1（係数 a_{-n} に依存）の円外で収束すると考えられる．なぜなら，$z - z_0 = 1/(\zeta - \zeta_0)$ とおけば

$$S_1 = a_{-1}(\zeta - \zeta_0) + a_{-2}(\zeta - \zeta_0)^2 + \cdots$$

となり，これは $|\zeta - \zeta_0| < R_3$ において収束し，したがって z については $|z - z_0| > 1/R_3 = R_1$ において収束すると考えられるからである．ここで，もし $R_1 < R_2$ であれば，級数 (5.10) は同心円にはさまれた円環部分に収束域をもつような，意味のある級数になる（一方，$R_1 > R_2$ ならば収束域をもたない無意味な級数になる）．

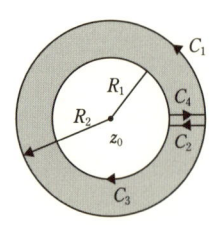

図 5.4　ローラン展開

そこで，図 5.4 に示すように $z = z_0$ を中心とする半径 R_1 および R_2 の同心円 C_1, C_2 およびそれらにはさまれた円環領域で正則な関数 $f(z)$ を考えると，

5.3 ローラン展開

これは式 (5.10) のような形の級数に展開できるのではないかと考えられる．この場合，点 $z = z_0$ において $f(z)$ は正則である必要はない．

一方，S_2 の形のテイラー展開は，$f(z)$ が正則な領域 D 内の点 z_0 の近くの点 z において関数 $f(z)$ の値を $(z - z_0)$ のべき級数で表現したものであった．このとき，べき級数の係数は点 z_0 における $f(z)$ およびその導関数により計算された．したがって，<u>テイラー展開は点 z_0 が関数 $f(z)$ の特異点である場合には使えない</u>．

以上の考察をもとに，本節では z_0 が $f(z)$ の特異点であるときに同心円がつくる円環内で成り立つ展開を考えることにする．

円環内の領域は2重連結領域であるが，図 5.4 に示すような2つの境界をつなぐ切断を入れると単連結領域になる．したがって，この C_1, $-C_2$, C_3, C_4 を境界にもつ単連結領域でコーシーの積分公式を適用すれば，円環内の任意の点 z に対して

$$f(z) = \frac{1}{2\pi i} \oint_C \frac{f(\zeta)}{\zeta - z} dz = \frac{1}{2\pi i} \oint_{C_1} \frac{f(\zeta)}{\zeta - z} dz - \frac{1}{2\pi i} \oint_{C_2} \frac{f(\zeta)}{\zeta - z} dz \quad (5.11)$$

となる．ただし，C_3 と C_4 上の積分を打ち消しあうことおよび C_2 と $-C_2$ 上の積分は符号が逆になることを用いている．

さて，C_1 上の積分については，$|z - z_0|/|\zeta - z_0| < 1$ であるから，テイラー展開の場合に用いた展開と同じく

$$\frac{1}{\zeta - z} = \frac{1}{\zeta - z_0} \sum_{n=0}^{\infty} \left(\frac{z - z_0}{\zeta - z_0} \right)^n$$

という展開ができる．一方，C_2 上では $|\zeta - z_0|/|z - z_0| < 1$ であるから，

$$\frac{1}{\zeta - z} = \frac{1}{(\zeta - z_0) - (z - z_0)} = -\frac{1}{z - z_0} \frac{1}{1 - (\zeta - z_0)/(z - z_0)}$$
$$= -\frac{1}{z - z_0} \sum_{n=0}^{\infty} \left(\frac{\zeta - z_0}{z - z_0} \right)^n$$

のように展開できる．これらの展開を式 (5.11) に代入して項別に積分すれば

$$f(z) = \sum_{n=-\infty}^{\infty} a_n (z - z_0)^n$$

となる．ただし，各係数は

$$a_n = \frac{1}{2\pi i} \oint_{C_1} \frac{f(\zeta)}{(\zeta - z_0)^{n+1}} d\zeta \quad (n \geq 0) \tag{5.12}$$

$$a_n = \frac{1}{2\pi i} \oint_{C_2} \frac{f(\zeta)}{(\zeta - z_0)^{n+1}} d\zeta \quad (n < 0) \tag{5.13}$$

である．式 (5.13), (5.14) の積分路は円環領域内に含まれる任意の単一閉曲線 C で置き換えてもよい．まとめれば，

$$f(z) = \sum_{n=-\infty}^{\infty} a_n (z - z_0)^n \tag{5.14}$$

$$a_n = \frac{1}{2\pi i} \oint_C \frac{f(\zeta)}{(\zeta - z_0)^{n+1}} d\zeta \quad (n : 整数) \tag{5.15}$$

となる．式 (5.14) を関数 $f(z)$ のローラン展開という．なお，C_2 内で $f(z)$ が正則であれば，式 (5.15) から計算される a_n は n が負の場合 0 になる．すなわち，ローラン展開はテイラー展開に一致することがわかる．

ローラン展開の係数は式 (5.15) 等を用いて計算することはまずない．実際には，テイラー展開のときに説明した実用的な方法が多く用いられる．これらについては以下に例題をとおして示すことにする．

例題 5.8

関数

$$f(z) = \frac{1}{(z-1)(z+2)}$$

を以下の 3 通りの領域において括弧内の点のまわりでローラン展開せよ．

(1) $1 < |z| < 2 \quad (z = 0)$,　　(2) $0 < |z - 1| < 3 \quad (z = 1)$,
(3) $|z + 2| > 3 \quad (z = -2)$

【解】　(1)

$$f(z) = \frac{1}{3}\left(\frac{1}{z-1} - \frac{1}{z+2}\right)$$

と変形する．$1 < |z| < 2$ であるから，$|1/z| < 1$，$|z/2| < 1$ である．したがって，

$$\frac{1}{z-1} = \frac{1}{z}\frac{1}{1-1/z} = \frac{1}{z}\left(1 + \frac{1}{z} + \frac{1}{z^2} + \cdots\right)$$

$$\frac{1}{z+2} = \frac{1}{2}\frac{1}{1+z/2} = \frac{1}{2}\left(1 - \frac{z}{2} + \frac{z^2}{2^2} - \cdots\right)$$

となるため,

$$\frac{1}{(z-1)(z+2)} = \frac{1}{3}\left(\cdots + \frac{1}{z^3} + \frac{1}{z^2} + \frac{1}{z} - \frac{1}{2} + \frac{z}{2^2} - \frac{z^2}{2^3} + \cdots\right)$$

(2) $0 < |z-1| < 3$ であるから

$$\frac{1}{z+2} = \frac{1}{(z-1)+3} = \frac{1}{3}\frac{1}{1+(z-1)/3}$$
$$= \frac{1}{3}\left(1 - \frac{z-1}{3} + \frac{(z-1)^2}{3^2} - \cdots\right)$$

したがって,

$$\frac{1}{(z-1)(z+2)} = \frac{1}{3(z-1)} - \frac{1}{3^2} + \frac{z-1}{3^3} - \frac{(z-1)^2}{3^4} + \cdots$$

(3) $|z+2| > 3$ であるから

$$\frac{1}{z-1} = \frac{1}{(z+2)-3} = \frac{1}{z+2}\frac{1}{1-3/(z+2)}$$
$$= \frac{1}{z+2}\left(1 + \frac{3}{z+2} + \frac{3^2}{(z+2)^2} + \cdots\right)$$

したがって,

$$\frac{1}{(z-1)(z+2)} = \frac{1}{(z+2)^2} + \frac{3}{(z+2)^3} + \frac{3^2}{(z+2)^4} + \cdots$$

例題 5.9

次の関数について, $z = 0$ のまわりのローラン展開の最初の 3 項を求めよ.

(1) $z^2 \sinh\left(\dfrac{1}{z^2}\right)$,　　(2) $\operatorname{cosec} z$

【解】 (1) $\sinh \zeta = \frac{1}{2}(e^{\zeta} - e^{-\zeta}) = \zeta + \frac{\zeta^3}{3!} + \frac{\zeta^5}{5!} + \cdots$
を利用すると

$$z^2 \sinh\left(\frac{1}{z^2}\right) = z^2 \left(\frac{1}{z^2} + \frac{1}{3!z^6} + \frac{1}{5!z^{10}} + \cdots\right) = 1 + \frac{1}{6z^4} + \frac{1}{120z^8} + \cdots$$

(2) $\operatorname{cosec} z = \dfrac{1}{\sin z} = \dfrac{1}{z} \dfrac{1}{1 - (z^2/3! - z^4/5! + \cdots)}$

$$= \frac{1}{z}\left(1 + \left(\frac{z^2}{3!} - \frac{z^4}{5!} + \cdots\right) + \left(\frac{z^2}{3!} - \frac{z^4}{5!} + \cdots\right)^2 + \cdots\right)$$

$$= \frac{1}{z} + \frac{z}{6} + \frac{7z^3}{360} + \cdots$$

◇問 5.5◇ 関数
$$f(z) = \frac{1}{z(1-z)}$$
を以下の 2 通りの領域において括弧内の点のまわりでローラン展開せよ.

(1) $0 < |z| < 1$ ($z = 0$), (2) $0 < |z-1| < 1$ ($z = 1$)

◇問 5.6◇ 次の関数について, $z = 0$ のまわりのローラン展開の最初の 3 項を求めよ.

(1) $\dfrac{1}{z^3 - z^6}$, (2) $\dfrac{1}{z^3} \sin(z^2)$

5.4 特異点の分類

z_0 を $f(z)$ の特異点とする. この z_0 の近傍 ($|z - z_0| < \varepsilon$) において $f(z)$ が正則で特異点がない場合, z_0 を孤立特異点という. この孤立特異点まわりで $f(z)$ をローラン展開してみよう. このとき, 前節の C_1 として, z_0 を中心とする円を選ぶ. z_0 は孤立特異点であるため, C_1 内に z_0 以外には特異点がないようにできる. また C_2 として, z_0 を中心とした非常に半径の小さな円をとる. そして 2 つの円ではさまれた円環領域内に含まれる閉曲線をひとつ選び C とする. このとき, 前節の結果から

5.4 特異点の分類

$$f(z) = \sum_{n=-\infty}^{\infty} a_n(z-z_0)^n$$

ただし，

$$a_n = \frac{1}{2\pi i}\oint_C \frac{f(\zeta)}{(\zeta-z_0)^{n+1}}d\zeta \quad (n:整数)$$

と書くことができる．この展開において，負のべきの項をローラン展開の主要部とよぶ．$f(z)$ や z_0 により，主要部がなかったり，あっても有限項で切れたり，無限に続いたりする．このような主要部の振る舞いにより特異点が分類される．

(1) 主要部がなく，ふつうのべき級数で表される場合，すなわち

$$f(z) = a_0 + a_1(z-z_0) + a_2(z-z_0)^2 + \cdots + a_n(z-z_0)^n + \cdots$$

と書ける場合．このとき，$f(z_0) = a_0$ であれば z_0 は特異点ではないが，$f(z_0) = b$ でしかも $b \neq a_0$ と定義されていれば，z_0 は見かけ上特異点になる．しかし，この場合は $f(z)$ を点 z_0 で $f(z_0) = a_0$ と定義しなおせば，z_0 は特異点ではなくなる．このような特異点を除去可能な特異点であるという．

(2) 主要部が有限項で切れる場合，すなわち

$$f(z) = \sum_{m=0}^{\infty} a_0(z-z_0)^m + \frac{a_{-1}}{z-z_0} + \frac{a_{-2}}{(z-z_0)^2} + \cdots + \frac{a_{-n}}{(z-z_0)^n}$$

と書ける場合．このとき z_0 を極という．特に上のように n 項で切れている場合，n を極の位数という．すなわち，この場合は n 位の極になる．

(3) 主要項が無限に続く場合．この場合の特異点を真性特異点という．

例題 5.10

次の関数の特異点を求め，どのような特異点であるかを調べよ．

(1) $\dfrac{1}{z^4}\cosh z$, (2) e^{1/z^2}

【解】 (1) $\dfrac{1}{z^4}\cosh z = \dfrac{1}{z^4}\left(1 + \dfrac{z^2}{2!} + \dfrac{z^4}{4!} + \cdots\right) = \dfrac{1}{z^4} + \dfrac{1}{2z^2} + \cdots$

であるから，$z = 0$ が 4 位の極になる．

(2) $e^{1/z^2} = 1 + \dfrac{1!}{z^2} + \dfrac{1}{2!z^4} + \cdots$

であるから，$z = 0$ が真性特異点である．

例題 5.11

$\mathrm{cosec}(1/z)$ の特異点を調べよ．

【解】 $\mathrm{cosec}(1/z) = 1/\sin(1/z)$ の分母は

$$z = \dfrac{1}{n\pi} \quad (n = \pm 1, \pm 2, \pm 3 \cdots)$$

において 0 になる．したがって，$\mathrm{cosec}(1/z)$ はこれらの点で 1 位の極をもつが，これらの極が表す数列は 0 に収束する．この意味から，$z = 0$ は孤立特異点とはいえない．なぜなら，$z = 0$ のどんな近傍においても少なくとも 1 つ（実際は無限）の特異点があるからである．この関数の $z = 0$ のような点を集積特異点という．

関数 $f(z)$ が無限遠点でどのように振る舞うかは，$z = 1/\zeta$ とおいて $\zeta = 0$ における関数 $f(1/\zeta)$ の性質を調べる．たとえば n 次の整関数

$$f(z) = a_0 + a_1 z + \cdots + a_n z^n$$

は $z = \infty$ 以外では正則であるが，$z = \infty$ では $z = 1/\zeta$ とおけば

$$f(1/\zeta) = a_0 + \dfrac{a_1}{\zeta} + \cdots + \dfrac{a_n}{\zeta^n}$$

となるため，$z = \infty$（$\zeta = 0$）は n 位の極になる．また $f(z) = e^z$ も，$z = 1/\zeta$ とおけば

$$f(1/\zeta) = 1 + \dfrac{1}{1!\zeta} + \dfrac{1}{2!\zeta^2} + \cdots$$

となるため，$z = \infty$ は真性特異点である．一方，$f(z) = e^{1/z}$ は，

$$f(1/\zeta) = 1 + \dfrac{\zeta}{1!} + \dfrac{\zeta^2}{2!} + \cdots$$

であるから，$z = \infty$ は正則点である．

以上のことから，定数を除きどのような正則関数であっても，無限遠点まで含めるとどこかに必ず特異点があると推論できる．$f(z) =$ 定数 が例外であることはリュービルの定理として前章ですでに述べた．

◇問 5.7◇ 次の関数の特異点を求め，どのような特異点であるかを調べよ．

(1) $\dfrac{1}{(z+1)(z+2)^2}$,　　(2) $e^{-z} + e^{1/z}$

▷章末問題◁

[5.1] 次のべき級数の収束半径を求めよ．

(1) $\displaystyle\sum_{n=0}^{\infty} \dfrac{z^n}{n^n}$,　　(2) $\displaystyle\sum_{n=1}^{\infty} \dfrac{z^n}{2^n(n+1)}$,　　(3) $\displaystyle\sum_{n=0}^{\infty} \dfrac{(-1)^n}{(2n)!} z^{2n}$

[5.2] べき級数
$$\sum_{n=0}^{\infty} a_n z^n$$
の収束半径が r であるとする．このとき次のべき級数の収束半径を求めよ．

(1) $\displaystyle\sum_{n=0}^{\infty} a_n \left(\dfrac{z}{b}\right)^n$,　　(2) $\displaystyle\sum_{n=0}^{\infty} |a_n|^2 z^n$,　　(3) $\displaystyle\sum_{n=0}^{\infty} a_n z^{4n}$

[5.3] α が実数のとき
$$\dfrac{1}{(1+z)^\alpha} = 1 - \alpha z + \dfrac{\alpha(\alpha+1)}{2!} z^2 - \dfrac{\alpha(\alpha+1)(\alpha+2)}{3!} z^3 + \cdots$$
が成り立つ（2項展開）．この関係を利用して $1/\sqrt{1-z^2}$ を $z=0$ のまわりにテイラー展開せよ．さらに，得られた式を項別積分することにより，$\sin^{-1} z$ を $z=0$ のまわりにテイラー展開せよ．

[5.4] 次の関数を括弧内の点のまわりにテイラー展開したときのはじめの数項を求めよ．

(1) $\sinh(2z)$　$(z=0)$,　　(2) $\dfrac{1}{z^2}$　$(z=-1)$,　　(3) $\sqrt{z} \displaystyle\int_0^z \dfrac{\sin t}{\sqrt{t}} dt$

[5.5] 次の関数を括弧内の点のまわりにローラン展開したときのはじめの数項を求めよ．

(1) $\dfrac{1}{z^2(z+3)}$　$(z=0)$,　　(2) $\dfrac{\sin z}{(z-\pi)^2}$　$(z=\pi)$,　　(3) $z^3 e^{-1/z^2}$　$(z=0)$

[5.6] 関数
$$f(z) = \dfrac{1}{1 - z - 2z^2}$$

を括弧内に示す点のまわりにテイラー展開またはローラン展開せよ．

(1) $|z|>1 (z=0)$,　(2) $\dfrac{1}{2}<|z|<1$　$(z=0)$,　(3) $\left|z+\dfrac{1}{2}\right|<\dfrac{1}{2}$　$\left(z=-\dfrac{1}{2}\right)$

6

留数定理とその応用

6.1 留数定理

関数 $f(z)$ を孤立特異点 $z = z_0$ のまわりでローラン展開したとする．このとき $1/(z-z_0)$ の係数である a_{-1} は応用上重要な数である．なぜなら，ローラン展開の公式から

$$a_{-1} = \frac{1}{2\pi i} \oint_C f(\zeta) d\zeta$$

すなわち，

$$\oint_C f(\zeta) d\zeta = 2\pi i a_{-1}$$

となるため，特異点まわりの周回積分が a_{-1} から求まるからである．a_{-1} のことを $z = z_0$ における $f(z)$ の留数とよび，$\text{Res}(f, z_0)$ または $\text{Res} f(z_0)$，あるいは f を強調しなくてもよい場合には簡単に $\text{Res}(z_0)$ などと記す．この記号を使えば上式は

$$\oint_C f(z) dz = 2\pi i \text{Res} f(z_0) \tag{6.1}$$

と書ける．

図 6.1 に示すように，閉曲線 C の内側に孤立特異点が N 個あったとする．それらを $z_1, z_2, \cdots, z_N$ とする．そして，それぞれの特異点を取り囲む閉曲線を $C_1, C_2, \cdots, C_N$ とする．このとき，コーシーの積分定理から

$$\oint_C f(z) dz = \oint_{C_1} f(z) dz + \oint_{C_2} f(z) dz + \cdots + \oint_{C_N} f(z) dz = \sum_{n=1}^{N} \oint_{C_n} f(z) dz$$

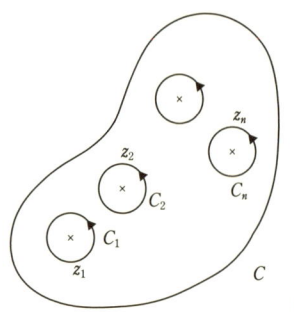

図 6.1 留数定理

が成り立つことはすでに述べた (4.2 節). したがって, 式 (6.1) から

$$\oint_C f(z)dz = 2\pi i \text{Res} f(z_1) + 2\pi i \text{Res} f(z_2) + \cdots + 2\pi i \text{Res} f(z_N)$$

$$= 2\pi i \sum_{n=1}^{N} \text{Res} f(z_n) \qquad (6.2)$$

となる. 式 (6.2) を留数定理という.

留数定理の応用については後で示すことにして, まず留数の求め方について述べる. はじめに, $z = z_0$ が $f(z)$ の 1 位の極の場合は, $f(z)$ をローラン展開すれば

$$f(z) = \frac{a_{-1}}{z - z_0} + a_0 + a_1(z - z_0) + \cdots$$

となる. そこで, 両辺に $z - z_0$ を掛ければ

$$(z - z_0)f(z) = a_{-1} + a_0(z - z_0) + a_1(z - z_0)^2 + \cdots$$

となる. この式において $z \to z_0$ とすれば a_{-1} が求まる.

次に $z = z_0$ が $f(z)$ の n 位の極の場合には

$$f(z) = \frac{a_{-n}}{(z - z_0)^n} + \cdots + \frac{a_{-1}}{z - z_0} + a_0 + a_1(z - z_0) + \cdots$$

というようにローラン展開される. この場合は両辺に $(z - z_0)^n$ を掛けて

$$(z-z_0)^n f(z) = a_{-n} + a_{-(n-1)}(z-z_0) + \cdots + a_{-1}(z-z_0)^{n-1} + a_0(z-z_0)^n + \cdots$$

とした上で両辺を $n-1$ 回微分すれば，

$$\frac{d^{n-1}}{dz^{n-1}}((z-z_0)^n f(z)) = (n-1)!a_{-1} + n!a_0(z-z_0) + \cdots$$

となる．そこで，この式で $z \to z_0$ とすればよい．以上をまとめれば次のようになる．

$z = z_0$ が $f(z)$ の1位の極であれば

$$\mathrm{Res} f(z_0) = \lim_{z \to z_0}(z-z_0)f(z) \tag{6.3}$$

$z = z_0$ が $f(z)$ の n 位の極であれば

$$\mathrm{Res} f(z_0) = \frac{1}{(n-1)!} \lim_{z \to z_0}\left(\frac{d^{n-1}}{dz^{n-1}}((z-z_0)^n f(z))\right) \tag{6.4}$$

なお，$f(z)$ が簡単にローラン展開できる場合には，必ずしも上の公式を用いなくても，次の例題 6.1 の (3) で示すように，ローラン展開して z^{-1} の係数を取り出してもよい．

例題 6.1

次の関数の特異点における留数を求めよ．

(1) $\dfrac{z}{1+z^2}$, (2) $\dfrac{1}{(z^2-1)^2}$, (3) $\dfrac{\cos z}{z^5}$

【解】(1) 特異点は $z = \pm i$ (1位の極) である．留数は式 (6.3) より

$$\mathrm{Res}(i) = \lim_{z \to i} \frac{(z-i)z}{(z-i)(z+i)} = \frac{1}{2}$$

$$\mathrm{Res}(-i) = \lim_{z \to -i} \frac{(z+i)z}{(z-i)(z+i)} = \frac{1}{2}$$

(2) 特異点は $z = \pm 1$ (2位の極) である．留数は式 (6.4) より

$$\mathrm{Res}(1) = \frac{1}{1!} \lim_{z \to 1} \frac{d}{dz} \frac{(z-1)^2}{(z-1)^2(z+1)^2} = \lim_{z \to 1} \frac{-2}{(z+1)^3} = -\frac{1}{4}$$

$$\text{Res}(-1) = \frac{1}{1!} \lim_{z \to -1} \frac{d}{dz} \frac{(z+1)^2}{(z-1)^2(z+1)^2} = \lim_{z \to -1} \frac{-2}{(z-1)^3} = \frac{1}{4}$$

(3) 特異点は $z = 0$（5位の極）である．もとの関数をローラン展開すれば

$$\frac{\cos z}{z^5} = \frac{1}{z^5}\left(1 - \frac{1}{2!}z^2 + \frac{1}{4!}z^4 - \cdots\right) = \frac{1}{z^5} - \frac{1}{2z^3} + \frac{1}{24z} - \cdots$$

であるから，$\text{Res}(0) = 1/24$ となる．

◇**問 6.1**◇　次の関数の特異点における留数を求めよ．

(1) $\dfrac{1}{z^2 - 1}$,　(2) $\dfrac{e^z}{z^2}$,　(3) $\dfrac{\sin z}{z^3}$

それでは留数定理を応用して複素積分の値を求める方法を例題によって示そう．

例題 6.2

留数定理を用いて次の積分を求めよ．

(1) $\oint_C z e^{1/z} dz$　$(C : |z| = 1)$,　(2) $\oint_C \tan z \, dz$　$(C : |z| = 2)$

【解】(1) 積分路内には特異点 $z = 0$ がある．留数は

$$z e^{1/z} = z\left(1 + \frac{1}{z} + \frac{1}{2z^2} + \cdots\right) = z + 1 + \frac{1}{2z} + \cdots$$

より，$1/2$ となる．したがって，留数定理から

$$\oint_C z e^{1/z} dz = 2\pi i \text{Res}(0) = \pi i$$

(2) $\tan z = \sin z / \cos z$ であるから，積分路内には特異点 $\pm \pi/2$ がある．

$$\text{Res}(\pi/2) = \lim_{z \to \pi/2} \frac{(z - \pi/2)\sin z}{\cos z} = \lim_{z \to \pi/2} \frac{((z - \pi/2)\sin z)'}{(\cos z)'}$$
$$= \lim_{z \to \pi/2} \frac{\sin z + (z - \pi/2)\cos z}{-\sin z} = -1$$

ただし，2番目の式から3番目の式の変形にはロピタルの定理*を用いている．同様に

$$\mathrm{Res}(-\pi/2) = \lim_{z \to -\pi/2} \frac{(z+\pi/2)\sin z}{\cos z}$$
$$= \lim_{z \to -\pi/2} \frac{\sin z + (z+\pi/2)\cos z}{-\sin z} = -1$$

したがって，留数定理から

$$\oint_C \tan z\, dz = 2\pi i(\mathrm{Res}(\pi/2) + \mathrm{Res}(-\pi/2)) = -4\pi i$$

◇**問 6.2**◇　留数定理を用いて次の積分の価を求めよ．

(1) $\oint_C \dfrac{dz}{z^2-1}$　$(C:|z-1|=1)$,　(2) $\oint_C \dfrac{z^2}{(z-2)^2}dz$　$(C:|z|=3)$

6.2　実関数の定積分の計算

前節では複素関数の特異点まわりの周回積分の値が，積分の計算を行わなくても，留数の計算だけで求まることを述べた．本節では周回積分の積分路を適当に選ぶことにより，実関数の定積分の計算にもこのことが応用できる場合があることを示す．この場合，代表的な考え方として次の2通りがある．

ひとつは，実積分を複素関数の実部または虚部が表す関数の積分とみなす方法である．積分路としてはふつう単位円など単純で有限の長さをもったものを選ぶ．前述のように，複素積分は留数計算で求まるから得られた結果の実部どうしまたは虚部どうしを等しくおけば，実部や虚部の表す実関数の定積分が計算できる．

もうひとつは，積分路に実軸など特別な線を含むようにして，複素関数の実軸など特別な線上の積分を実関数の積分とみなす方法である．典型的な例とし

---

* ロピタルの定理
$f(z),\ g(z)$ が正則で，$f(a)=g(a)=0,\ g'(a)\neq 0$ であれば
$$\lim_{z \to a}\frac{f(z)}{g(z)} = \lim_{z \to a}\frac{f'(z)}{g'(z)} = \frac{f'(a)}{g'(a)}$$

て図 6.2 に示すような積分路で $f(z)$ の積分を考えてみよう．積分路は実軸 C_1 と半円周 C_2 に分けることができる．このとき，もし C_2 上の積分が $R \to \infty$ のとき 0 になることが証明できれば，C_1 上の積分は同じ極限で

$$\oint_C f(z)dz \left(= \int_{C_1} f(z)dz \right) = \int_{-\infty}^{\infty} f(x)dx$$

という形になる．一方，左辺は留数の定理を使えば，積分をせずに（上半面にある特異点における留数の和に $2\pi i$ を掛けることにより）計算できる．したがって，右辺の積分が計算されたことになる．

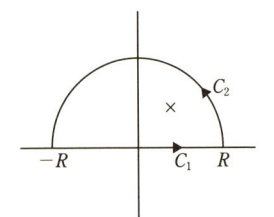

図 6.2 有理関数の積分などによく用いられる積分路

以下に種々の例を挙げることによって，実数の定積分の求め方を示すことにする．

(a) $\sin\theta$, $\cos\theta$ の有理関数

$$\int_0^{2\pi} g(\cos\theta, \sin\theta)d\theta$$

を考える．ここで g は有理関数である．この積分に対応する複素積分の積分路を C として，複素平面上の単位円を考えると，$z = e^{i\theta}$ とおける．このとき

$$\frac{dz}{d\theta} = ie^{i\theta} = iz \quad \text{すなわち} \quad d\theta = \frac{1}{iz}dz$$

である．一方，オイラーの公式から

$$\cos\theta = \frac{e^{i\theta} + e^{-i\theta}}{2} = \frac{1}{2}\left(z + \frac{1}{z}\right)$$

$$\sin\theta = \frac{e^{i\theta} - e^{-i\theta}}{2i} = \frac{1}{2i}\left(z - \frac{1}{z}\right)$$

となる．そこで，

$$g\left(\frac{1}{2}\left(z+\frac{1}{z}\right),\ \frac{1}{2i}\left(z-\frac{1}{z}\right)\right) = f(z)$$

と書くことにすれば，g が有理関数であるから，$f(z)$ も z の有理関数になり，もとの積分は

$$\int_0^{2\pi} g(\cos\theta, \sin\theta)d\theta = \oint_C g\left(\frac{1}{2}\left(z+\frac{1}{z}\right),\ \frac{1}{2i}\left(z-\frac{1}{z}\right)\right)\frac{dz}{iz} = \oint_C f(z)\frac{dz}{iz} \tag{6.5}$$

という単位円まわりの周回積分になおすことができる．そこで右辺を単位円内にある特異点における留数を用いて計算すれば，左辺の積分が計算できる．

例題 6.3

次の定積分の値を求めよ．ただし，$|a| \neq 1$ とする．

$$I = \int_0^{2\pi} \frac{1}{1 - 2a\cos\theta + a^2} d\theta$$

【解】 $z = e^{i\theta}$ とおくと上の積分は単位円まわりの積分

$$I = \oint_C \frac{dz}{i(z-a)(1-az)}$$

となり，被積分関数は 2 つの極 $z = a$, $z = 1/a$ をもっている．
$|a| < 1$ の場合は，単位円内にある極は $z = a$ だけであり，そこでの留数は

$$\lim_{z\to a}\frac{z-a}{i(z-a)(1-az)} = \frac{1}{i(1-a^2)}$$

である．したがって，

$$I = 2\pi i \frac{1}{i(1-a^2)} = \frac{2\pi}{1-a^2} \quad (|a| < 1)$$

となる．$|a| > 1$ の場合は，単位円内にある極は $z = 1/a$ だけであり，そこでの留数は

$$\lim_{z\to 1/a}\frac{z-1/a}{i(z-a)(1-az)} = \frac{1}{i(a^2-1)}$$

である．したがって，

$$I = 2\pi i \frac{1}{i(a^2-1)} = \frac{2\pi}{a^2-1} \quad (|a| > 1)$$

となる．この結果は次のようにまとめられる．

$$I = \frac{2\pi}{|a^2-1|} \quad (|a| \neq 1)$$

◇問 **6.3**◇ 次の定積分の値を求めよ．
(1) $\displaystyle\int_0^{2\pi} \frac{1}{2+\cos\theta} d\theta$, (2) $\displaystyle\int_0^{2\pi} \frac{\cos\theta}{2+\sin\theta} d\theta$

(b) 有理関数の特異積分

$f(x)$ を有理関数として次の形の定積分を考える：

$$\int_{-\infty}^{\infty} f(x)dx = \lim_{R\to\infty} \int_{-R}^{R} f(x)dx$$

この積分は積分区間が有限ではないため特異積分とよばれる．この積分に対応する複素積分として，

$$\oint_C f(z)dz$$

をとり，積分路として図 6.2 に示すようなものをとる．このとき，前述のように積分路を 2 つに分けて考えると，実軸に沿った積分が求める実積分になる．ただし，実軸上には特異点はないものとする（特異点がある場合には後述のようにそれらを避けるような積分路をとる）．被積分関数は有理関数であり，積分路内（上半面）には特異点が有限個であるため，留数計算により複素積分が計算できる．以上をまとめれば，半円の半径 R が $R \to \infty$ の極限で

$$\int_{-\infty}^{\infty} f(x)dx + \int_{C_2} f(z)dz = 2\pi i \sum_{n=1}^{N} \mathrm{Res} f(z_n)$$

となる．ただし，上半面での極を $z_1, z_2, \cdots, z_N$ としている．

ここで，有理関数 $f(z)$ の分母の次数が分子の次数より 2 以上大きいとすると半円 C_2 上の積分が $R \to \infty$ の極限で 0 になることが示せる．なぜなら仮定から $|z| = r$ が十分に大きいとき

であり，
$$\left|\int_{C_2} f(z)dz\right| < \left|\frac{k}{r^2}\right|\left|\int_{C_2} dz\right| = \frac{k}{r^2}2\pi r = \frac{2\pi k}{r} \to 0$$
となるからである．以上のことから，

> 有理関数 $f(x)$ の分母の次数が分子の次数より 2 以上大きい場合には
> $$\int_{-\infty}^{\infty} f(x)dx = 2\pi i \sum_{n=1}^{N} \mathrm{Res} f(z_n) \tag{6.6}$$

となる．

例題 6.4
次の定積分の値を求めよ．ただし，$a > 0$ とする．
$$I = \int_{-\infty}^{\infty} \frac{1}{x^2+a^2} dx \left(= \lim_{R\to\infty} \int_{-R}^{R} \frac{dx}{x^2+a^2} \right)$$

【解】 被積分関数は不定積分 $(1/a)\tan^{-1}(x/a)$ をもつため，積分値は簡単に求まるが，ここでは練習のため複素積分を用いた計算を行うことにする．この実積分の値を求めるために図に示す閉曲線 C に沿って
$$\oint_C \frac{dz}{z^2+a^2} = \int_{C_1} \frac{dz}{z^2+a^2} + \int_{C_2} \frac{dz}{z^2+a^2}$$
を計算する．まず，$R \to \infty$ のとき C_2 に沿う積分が 0 になる．なぜなら，上に述べたように分母の次数が分子の次数より 2 大きいからである．あるいは，具体的には以下のようにして直接示せる．すなわち
$$\frac{1}{z^2+a^2} = \frac{1}{z^2}\frac{1}{1+a^2/z^2}$$
と書けば，$R > a\sqrt{2}$ のとき $|1+a^2/z^2| > 1/2$ となるため，

$$\frac{1}{|a^2+z^2|} < \frac{2}{R^2}$$

であり，

$$\left|\int_{C_2} \frac{dz}{z^2+a^2}\right| < \pi R \frac{2}{R^2} = \frac{2\pi}{R}$$

となる．ここで $R \to \infty$ とすれば積分は 0 になる．

C_1 に沿う積分は $R \to \infty$ のとき求める積分になる．以上のことから，複素積分の値を計算すればよいことがわかる．このとき被積分関数は $\pm a$ に極をもつが，$a > 0$ であるから積分路内にあるのは ai である．したがって，

$$\int_{-\infty}^{\infty} \frac{1}{x^2+a^2} dx = \oint_C \frac{dz}{z^2+a^2} = 2\pi i \mathrm{Res}(ai) = 2\pi i \frac{1}{2ai} = \frac{\pi}{a}$$

◇問 **6.4**◇　次の定積分の値を求めよ．

(1) $\displaystyle\int_{-\infty}^{\infty} \frac{1}{x^2+x+1} dx$,　(2) $\displaystyle\int_{0}^{\infty} \frac{1}{x^2+4} dx$

(c) $\sin\theta$, $\cos\theta$ と有理関数の積の特異積分

$f(x)$ を有理関数として

$$\int_{-\infty}^{\infty} f(x)\cos kx\, dx, \quad \int_{-\infty}^{\infty} f(x)\sin kx\, dx \quad (k:実数)$$

という形の積分を考える．このような積分はフーリエ積分との関連でしばしば現れる．この積分に対応する複素積分として

$$\oint_C f(z)e^{ikz} dz$$

を考える．積分路としては，$k > 0$ の場合には図 6.2 のような積分路を用いる ($k < 0$ のときは図 6.2 と x 軸に関して対称な積分路を用いる)．このとき，以下の例題に示すように半円上の積分は $f(z)$ の分母の次数が分子の次数より 1 以上大きければ $R \to \infty$ のとき 0 になることが知られている (ジョルダンの補助定理)．したがって

$$\int_{-\infty}^{\infty} f(x)e^{ikx} dx = 2\pi i \sum_{n=1}^{N} \mathrm{Res}(f(z_n)e^{ikz_n})$$

となる.ここで $z_n (n=1,2,\cdots,N)$ は上半面にあるすべての留数である.この式の実部どうしおよび虚部どうしが等しいとおけば,次の結果が得られる.

> $f(x)$ の分母の次数が分子の次数より 1 以上大きければ
> $$\int_{-\infty}^{\infty} f(x)\cos kx\, dx = -2\pi \sum_{n=1}^{N} \mathrm{Im}\, \mathrm{Res}(f(z_n)e^{ikz_n}) \quad (k>0)$$
> $$\int_{-\infty}^{\infty} f(x)\sin kx\, dx = 2\pi \sum_{n=1}^{N} \mathrm{Re}\, \mathrm{Res}(f(z_n)e^{ikz_n}) \quad (k>0)$$
> (6.7)

例題 6.5

ジョルダンの補助定理を証明せよ.

【解】 $k>0$ として,積分路として上半円(半径 R)をとる.上半円上の 1 点は $z=Re^{i\theta}$ とおけるから,$dz=Rie^{i\theta}d\theta$ であり,

$$\int_{C_2} f(z)e^{ikz}dz = iR\int_0^R f(Re^{i\theta})e^{-Rk\sin\theta + iRk\cos\theta}d\theta$$

となる.仮定から R が十分に大きいところでは $|f|\leq M/|z|=M/R$ となるから

$$\left|\int_{C_2} f(z)e^{ik\theta}dz\right| \leq R\int_0^\pi |f|e^{-Rk\sin\theta}d\theta \leq 2M\int_0^{\pi/2} e^{-Rk\sin\theta}d\theta$$

が成り立つ.ただし,最右辺を導くときに $\sin\theta$ が $\theta=\pi/2$ について対称であることを用いた.最右辺はこのままでは積分できないが,その大きさを評価するため,$0\leq\theta\leq\pi/2$ のとき $\sin\theta\geq 2\theta/\pi$ であることを用いると,

$$2M\int_0^{\pi/2} e^{-Rk\sin\theta}d\theta \leq 2M\int_0^{\pi/2} e^{-(2Rk/\pi)\theta}d\theta = \frac{\pi M}{kR}(1-e^{-kR})$$

となる.したがって,$R\to\infty$ のときこの式は 0 に近づくためジョルダンの補助定理が証明されたことになる.

例題 6.6
次の定積分の値を求めよ．ただし，$a > 0$ とする．
$$I = \int_0^\infty \frac{\cos x}{x^2 + a^2} dx \left(= \lim_{R \to \infty} \int_0^R \frac{\cos x}{x^2 + a^2} dx \right)$$

【解】 例題 6.4 と同じ積分路に沿った複素積分
$$\oint_C \frac{e^{iz}}{z^2 + a^2} dz$$
を考える．C_1 上では $z = x$ であるから
$$\begin{aligned}
\oint_C \frac{e^{iz}}{z^2 + a^2} dz &= \int_{C_1} \frac{e^{ix}}{x^2 + a^2} dx \\
&\to \int_{-\infty}^\infty \frac{\cos x}{x^2 + a^2} dx + i \int_{-\infty}^\infty \frac{\sin x}{x^2 + a^2} dx \\
&= 2 \int_0^\infty \frac{\cos x}{x^2 + a^2} dx
\end{aligned}$$

となる．ただし，cos を含んだ積分の被積分関数が偶関数，sin を含んだ積分の被積分関数が奇関数であることを用いた．すなわち，C_1 に沿った積分が求める積分に一致する．一方，C_2 に沿った積分の被積分関数は $R \to \infty$ のとき 0 になる．なぜなら $z = x + iy (y > 0)$ とおけば
$$|e^{iz}| = e^{-y} |e^{ix}| = e^{-y}$$

となるため有界であり，かつ分母の次数が 2 であるからである．以上のことから，求めるべき積分の値は複素積分の値の半分であり
$$\int_0^\infty \frac{\cos x}{x^2 + a^2} dx = \frac{1}{2} \oint_C \frac{e^{iz}}{z^2 + a^2} dz = \pi i \mathrm{Res}(ai) = \pi i \frac{e^{-a}}{2ai} = \frac{\pi e^{-a}}{2a}$$

◇**問 6.5**◇ 次の定積分の値を求めよ．
(1) $\displaystyle\int_{-\infty}^\infty \frac{\cos x}{x^2 + 4} dx$, (2) $\displaystyle\int_{-\infty}^\infty \frac{\cos x}{(x^2 + 1)^2} dx$

(d) その他

この項では，その他の積分の求め方を例示する．

例題 6.7

次の定積分の値を求めよ．
$$\int_0^\infty \frac{\sin x}{x} dx$$

【解】 $\sin z$ は上半面での振る舞いが複雑であるため，対応する複素積分として

$$\oint_C \frac{e^{iz}}{z} dz$$

を考える．積分路としては，被積分関数が原点で極をもつため，図 6.3 に示すように原点を半径 r の小さな半円で避けるような積分路をとることにする．このとき，複素積分の値は積分路内に特異点がないため 0 である．したがって，

$$0 = \oint_C \frac{e^{iz}}{z} dz = \int_{-R}^{-r} \frac{e^{ix}}{x} dx + \int_{C_1} \frac{e^{iz}}{z} dz + \int_r^R \frac{e^{ix}}{x} dx + \int_{C_2} \frac{e^{iz}}{z} dz$$

この式の右辺第 1 項で x のかわりに $-x$ とすれば，第 1 項と第 3 項はまとめられて

$$\int_r^R \frac{e^{ix} - e^{-ix}}{x} dx + \int_{C_1} \frac{e^{iz}}{z} dz + \int_{C_2} \frac{e^{iz}}{z} dz = 0$$

すなわち，

$$2i \int_r^R \frac{\sin x}{x} dx = -\int_{C_1} \frac{e^{iz}}{z} dz - \int_{C_2} \frac{e^{iz}}{z} dz$$

となる．一方，C_1 に沿った積分は

$$-\int_{C_1} \frac{e^{iz}}{z} dz = -\int_\pi^0 \frac{\exp(ire^{i\theta})}{re^{i\theta}} ire^{i\theta} d\theta = -\int_\pi^0 i \exp(ire^{i\theta}) d\theta$$

となるが，$r \to 0$ の極限では

$$-\int_{C_1} \frac{e^{iz}}{z} dz \to = -i \int_\pi^0 d\theta = \pi i$$

である．また，C_2 に沿った積分はジョルダンの補助定理から $R \to \infty$ の極限で 0 になる．以上をまとめれば

$$\int_0^\infty \frac{\sin x}{x} dx = \frac{\pi}{2}$$

が得られる．

例題 6.8
次の定積分の値を求めよ．

$$\int_0^\infty \frac{x^{\alpha-1}}{1+x} dx \quad (0 < \alpha < 1)$$

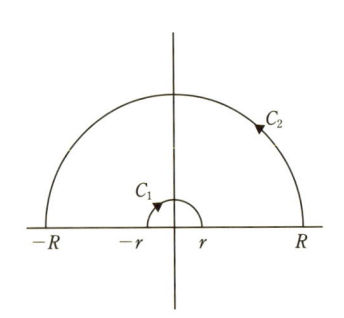

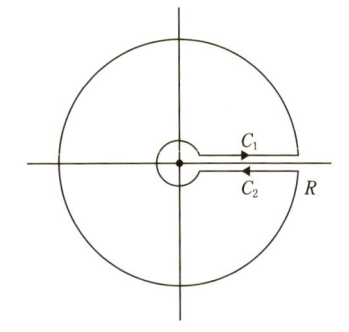

図 6.3 例題 6.7 の積分路 **図 6.4** 例題 6.8 の積分路

【解】 図 6.4 のような積分路に沿って複素積分

$$\oint_C \frac{z^{\alpha-1}}{1+z} dz$$

を考える．$z^{\alpha-1}$ は α が整数でないとき多価関数であるが，図の C_1 で実数 $x^{\alpha-1}$ となるような分岐で考える．このとき，図の C_2 上では

$$(xe^{2\pi i})^{\alpha-1} = x^{\alpha-1} e^{2\pi(\alpha-1)i}$$

となる．したがって，

$$\int_{C_1}\frac{z^{\alpha-1}}{1+z}dz+\int_{C_2}\frac{z^{\alpha-1}}{1+z}dz = \int_r^R\frac{x^{\alpha-1}}{1+x}dx+e^{2\pi(\alpha-1)i}\int_R^r\frac{x^{\alpha-1}}{1+x}dx$$
$$\to (1-e^{2\pi(\alpha-1)i})\int_0^\infty\frac{x^{\alpha-1}}{1+x}dx$$

となる．一方，$|z|=R$ に対して

$$\left|\int_{C_R}\frac{z^{\alpha-1}}{1+z}dz\right| \sim 2\pi R\cdot R^{\alpha-2} \to 0 \quad (R\to\infty)$$

であり，また $|z|=r$ に対して

$$\left|\int_{C_r}\frac{z^{\alpha-1}}{1+z}dz\right| \sim 2\pi r\cdot r^{\alpha-1} = 2\pi r \to 0 \quad (r\to 0)$$

が成り立つ．さらに，複素積分の被積分関数は $z=-1$ に 1 位の極をもち，その点における留数は $e^{\pi i(\alpha-1)}$ である．以上のことをまとめれば

$$\int_0^\infty\frac{x^{\alpha-1}}{1+x}dx = \frac{2\pi i e^{\pi i(\alpha-1)}}{1-e^{2\pi i(\alpha-1)}} = \frac{\pi}{\sin\pi\alpha}$$

となる．

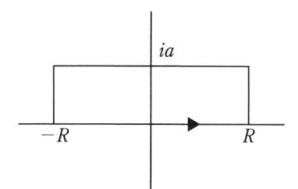

図 6.5 問 6.6 の積分路

◇問 **6.6**◇ 図 6.5 に示す積分路に沿って e^{-z^2} を積分することにより，次の定積分の値を求めよ．ただし $\int_{-\infty}^\infty e^{-x^2}dx = \sqrt{\pi}$ を用いよ．

$$\int_0^\infty e^{-x^2}\cos 2ax\,dx$$

▷章末問題◁

[6.1] 次の関数の特異点とその点における留数を求めよ．

(1) $\dfrac{z}{2z-i}$, (2) $\dfrac{z-1}{(z^2-16)(z-2)}$, (3) $\operatorname{cosec} z$, (4) $\dfrac{e^{z^2}}{z^5}$

[6.2] 次の積分の値を留数定理を用いて求めよ．

(1) $\displaystyle\int_C \dfrac{1}{z(z+1)^2} dz \quad (C:|z|=2)$, (2) $\displaystyle\int_C \tan 2z\, dz \quad (C:|z|=1)$,

(3) $\displaystyle\int_C \dfrac{z}{1-z^3} dz \quad (C:|z|=4)$

[6.3] 次の定積分の値を求めよ．

(1) $\displaystyle\int_0^\pi \dfrac{d\theta}{1+\sin^2\theta}$, (2) $\displaystyle\int_0^{2\pi} \dfrac{d\theta}{1+a\sin\theta} \quad (|a|<1)$

[6.4] 次の定積分の値を求めよ．

(1) $\displaystyle\int_{-\infty}^\infty \dfrac{dx}{(x^2+1)^3}$, (2) $\displaystyle\int_0^\infty \dfrac{x\sin x\, dx}{x^2+1}$

[6.5] 図 6.6 に示すような閉曲線に沿って $\displaystyle\oint_C e^{iz^2} dz$ を計算することにより

$$\int_0^\infty \cos(x^2)dx = \int_0^\infty \sin(x^2)dx = \dfrac{\sqrt{2\pi}}{4}$$

であること（フレネル(Fresnel)積分）を示せ．

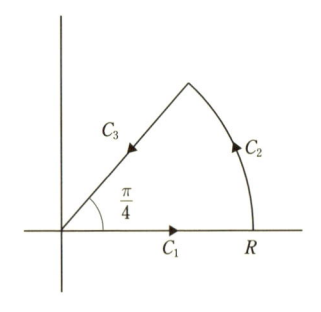

図 6.6 フレネル積分の積分路

7 等角写像

7.1 複素関数による写像

実数の関数
$$y = g(x) \tag{7.1}$$
を視覚的にとらえるためには，いろいろな x の値に対して y の値を計算して，2次元平面上に点 (x, y) を表示する．このとき一般に y は x–y 面上の曲線になる（図 7.1）．

次に複素関数
$$w = f(z) = u(x, y) + iv(x, y) \tag{7.2}$$
を実数の場合と同じように視覚的にグラフで表そうとすると，式 (7.2) は2つ

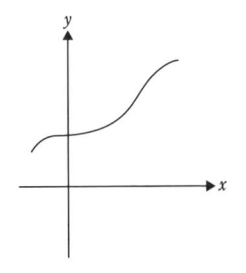

図 7.1 $y = g(x)$ のグラフ

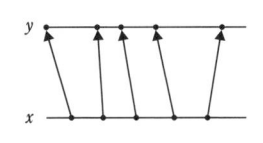

図 7.2 実数間の写像

の実数 (x, y) に対して2つの実数 (u, v) を対応させる関係なので，4次元空間 (x, y, u, v) を用意しなければならず，図示できない．そこで実数の場合に戻って，式 (7.1) を x と y の間の変換関係としてとらえてみよう．このとき，図 7.2 に示すように，2本の数直線を用意すれば (x, y) の関係が直線上の点間の対応

として表せる．ただし，変換 (7.1) によって，もとの直線が伸ばされたり，縮められたりするため，図では x を表す数直線に等間隔に目盛りをつけて，その目盛りが y の数直線にどのように対応するかを示している．

このような表示法を 2 次元に拡張すれば，複素関数 (7.2) を視覚的に表示できる．すなわち，z 面に対応するガウス平面と w 面に対応するガウス平面を用意して z と w の対応関係を調べればよい．このとき，実数の場合の点間の関係に対応して，図 7.3 に示すように z 面上の曲線群と w 面上の曲線群の関係を調べることができる．曲線群を用いるのは，実数の場合に数直線に目盛りをつけたことに対応して，領域の部分的な伸び縮みを調べるためである．このようにすれば，不十分ではあるが複素関数をある程度視覚的にとらえることができる．

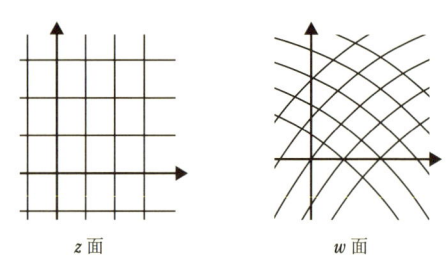

図 7.3 複素数間の写像

次に上述の方法を用いて簡単な写像について考えてみよう．

例題 7.1

$w = Az$ による写像

$$w = u + iv, \quad A = a + ib, \quad z = x + iy$$

とおくと

$$w = u + iv = (a + ib)(x + iy) = ax - by + i(bx + ay)$$

すなわち，

$$u = ax - by, \quad v = bx + ay \quad \text{または} \quad x = \frac{au + bv}{a^2 + b^2}, \quad y = \frac{-bu + av}{a^2 + b^2}$$

となる．したがって，$x = $ 一定，$y = $ 一定の直線は，w 面ではそれぞれ傾

き $-a/b$ と b/a の直線に写像される．なお，これらの直線は直交しており，図示すれば図 7.4 のようになる．

例題 7.2

$$w = \frac{1}{z} \tag{7.3}$$

による写像．

$$z = x + iy, \quad w = u + iv$$

とおいて式 (7.3) に代入する．$w = 1/z$ から

$$u + iv = \frac{1}{x + iy} = \frac{x - iy}{x^2 + y^2}$$

すなわち

$$u = \frac{x}{x^2 + y^2}, \quad v = -\frac{y}{x^2 + y^2}$$

となる．したがって，

$$\left(x - \frac{1}{2u}\right)^2 + y^2 = \frac{1}{4u^2}, \quad x^2 + \left(y + \frac{1}{2v}\right)^2 = \frac{1}{4v^2}$$

となるが，はじめの式は x 軸上に中心をもち原点を通る円群，あとの式は y 軸上に中心をもち原点を通る円群を表す（図 7.5）．

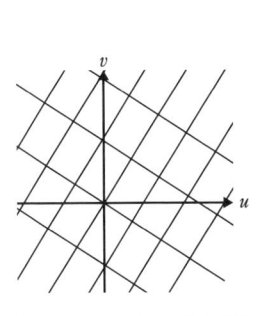

図 7.4 $w = Az$ による写像   図 7.5 $w = 1/z$ による写像

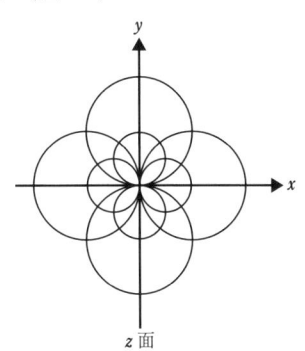

次に極座標を用いて対応を調べてみる．

$$z = re^{i\theta}, \quad w = Re^{i\varphi}$$

とおいて式 (7.3) に代入すれば

$$R = \frac{1}{r}, \quad \theta = -\varphi$$

となる．これから，z 面における原点中心の円群（$r = c$）は w 面でも原点中心の円群（$R = 1/c$）に写像される．しかも $r < 1$ のとき $R > 1$，$r > 1$ のとき $R < 1$ であるので，z 面の円内の領域は w 面の円外の領域に，z 面の円外の領域は w 面の円内の領域に写像されることがわかる．また原点を通る直線（$\theta = c$）はやはり原点を通る直線（$\varphi = -c$）に写像されることがわかる．

例題 7.3

$$w = z^2$$

前述のように $z = x + iy$，$w = u + iv$ とおけば

$$u = x^2 - y^2, \quad v = 2xy$$

となる．これらの式を x，y について解くのは面倒なので，u–v 面での直線が x–y 面でどのようになるかを調べることにする．このとき，u–v 面で $u = a$（一定）（v 軸に平行な直線）は x–y 面では双曲線 $x^2 - y^2 = a$ を表し，$v = b$（一定）（u 軸に平行な直線）も x–y 面で双曲線 $xy = b/2$ を表すことになる．a，b を種々に変えて図示したものが図 7.6 である．

これらの図示によって複素関数はある程度視覚化されるが，全貌をとらえたものではないことを注意しておく．

◇**問 7.1**◇　z と w の間に次の関数関係があるとき，w 面の座標軸に平行な直線は z 面にどのように写像されるか．

(1) $w = z^2 - z$, 　(2) $w = 1/(z-1)$, 　(3) $w = e^z$

7.2 等角写像の定理

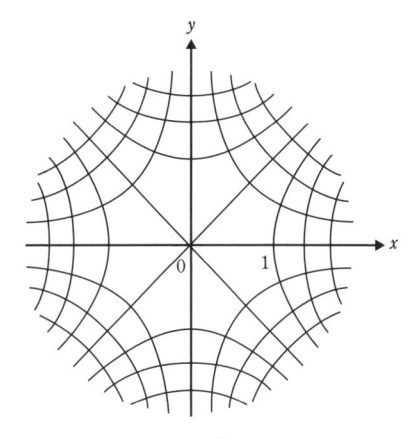

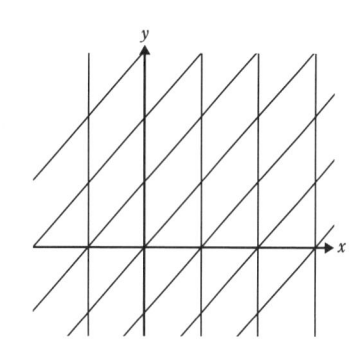

図 7.6 $w = z^2$ による写像　　**図 7.7** $u = x, v = x + y$ による写像

ここでは3種類の関数による写像を考えたが，どれに対しても直交する曲線群は直交する曲線群に写像された．これは偶然であろうか．一般に2変数の関数

$$u = f(x, y), \quad v = g(x, y) \tag{7.4}$$

によって (x, y) 面から (u, v) 面へ写像を行った場合にはこのようなことは期待できない．たとえば

$$u = x, \quad v = x - y$$

とすれば図 7.7 に示すように (u, v) 面の直交格子は (x, y) 面で斜交格子に写像される．この関数は複素変数を用いれば

$$f(z, \bar{z}) = x + i(x - y) = x - iy + ix = \bar{z} + i\frac{z + \bar{z}}{2}$$

と書けるが，$\bar{z}$ を含むため正則でない．先ほどの例の関数はすべて正則であったことに注意すると，直交性が保たれることと変換関数が正則であることには密接な関係があることが想像できる．

7.2　等角写像の定理

第5章で述べたが，正則な関数は正則な点 z_0 の近くで以下の形にべき級数展開ができた．

$$f(z) = f(z_0) + (z - z_0)f'(z_0) + o(\Delta z) \tag{7.5}$$

ここで $\Delta z = z - z_0$ である．式 (7.2) から $f(z) = w$，また $\Delta w = f(z) - f(z_0)$ とおけば式 (7.5) は

$$\Delta w = \Delta z f'(z_0) + o(\Delta z) \tag{7.6}$$

と書ける．

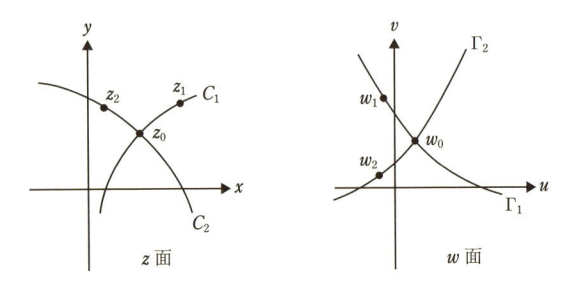

図 7.8 等角（共形）写像

さて図 7.8 に示すように，z 面において z_0 を通る 2 つの曲線 C_1, C_2 を考え，正則関数 (7.2) による像をそれぞれ Γ_1, Γ_2 とする．このとき，Γ_1, Γ_2 は w 面の点 w_0 を通る曲線である．曲線 C_1, C_2 上に z_0 の近くに点 z_1, z_2 をとり対応する w 面上の Γ_1, Γ_2 上の点を w_1, w_2 とすれば，w_1 と w_2 は w_0 の近くにある．一方，式 (7.6) から

$$\Delta w_1 \approx f'(z_0)\Delta z_1, \quad \Delta w_2 \approx f'(z_0)\Delta z_2$$

が成り立つ．ただし

$$\Delta z_1 = z_1 - z_0, \quad \Delta z_2 = z_2 - z_0, \quad \Delta w_1 = w_1 - w_0, \quad \Delta w_2 = w_2 - w_0$$

とおいた．したがって $f'(z_0) \neq 0$ のときは，$f'(z_0)$ が共通なので

$$\frac{\Delta w_2}{\Delta w_1} \approx \frac{\Delta z_2}{\Delta z_1} \quad (\approx f'(z_0)) \tag{7.7}$$

が成り立つ．この式の絶対値と偏角を考えれば

$$\frac{|\Delta w_2|}{|\Delta w_1|} \approx \frac{|\Delta z_2|}{|\Delta z_1|}$$

$$\arg \Delta w_2 - \arg \Delta w_1 \approx \arg \Delta z_2 - \arg \Delta z_1 \tag{7.8}$$

となる．これら 2 つの式は $\Delta z \to 0$, $\Delta w \to 0$ の極限では等式になる．すなわち

$$\frac{|\Delta w_2|}{|\Delta w_1|} = \frac{|\Delta z_2|}{|\Delta z_1|}$$

$$\arg \Delta w_2 - \arg \Delta w_1 = \arg \Delta z_2 - \arg \Delta z_1 \tag{7.9}$$

が成り立つ．式 (7.8) は図 7.8 において変換前の三角形 $z_0 z_1 z_2$ と変換後の三角形 $w_0 w_1 w_2$ が近似的に相似であり，また式 (7.9) は極限において相似であることを意味している．この事実を等角写像（共形写像）の定理とよんでいる．

この定理から正則関数による写像によって 2 つの曲線の交角（接線のなす角）は変化しないことがわかる．したがって，もとの領域で直交する 2 種類の曲線は変換後も直交する．これが前節の最後に述べた事実である．なお等角写像といえば角度だけが等しいという意味にとられがちであるが，微小な線要素の比も一定に保たれることに注意する必要がある．また式 (7.8) を導くときに $f' = 0$ の点は除外されている．すなわち，一般に $f' = 0$ の点では等角性は成り立たない．

7.3　1 次 関 数

本節では 1 次関数による写像，すなわち 1 次写像を考えよう．ここで，1 次関数とは複素数の関数では

$$w = \frac{az + b}{cz + d} \quad (ad - bc \neq 0) \tag{7.10}$$

のことを指す（$ad - bc = 0$ のときは w は定数になる）．式 (7.10) は

$$w = k \frac{1}{cz + d} + \frac{a}{c} \quad \left(k = -\frac{ad - bc}{c} \right)$$

と変形できるため，1 次写像は次の 5 つの写像

$$w_1 = cz, \quad w_2 = w_1 + d, \quad w_3 = \frac{1}{w_2}, \quad w_4 = kw_3, \quad w_5 = w_4 + \frac{a}{c} \tag{7.11}$$

の合成と考えることができる．

◇問 **7.2**◇ このことを確かめよ.

この中で w_3 による写像は 7.1 節の例題 7.2 で調べた. また w_2 は w_1 を横方向に $\mathrm{Re}(d)$, 縦方向に $\mathrm{Im}(d)$ 平行移動したものを表し, w_1 と w_4 はどちらも回転と拡大を表す. さらに w_5 も並行移動である. そこで 1 次写像は次の性質をもっていると予想できる.

"1 次写像によって, z 面の円は w 面の円に写像される"(円円対応)
ただし, ここでいう円とは, その特別な場合として直線を含むものとする. この事実は式 (7.11) で行ったように写像を分解して考えると正しいことがわかる. このうち w_1, w_2, w_4, w_5 に関しては自明なので, w_3 について調べてみよう.

x–y 平面上の円または直線は

$$A(x^2+y^2)+Bx+Cy+D=0 \quad (\text{ただし } B^2+C^2>4AD)^*$$

で表される. この式を複素数 z を用いた式で表すため, 関係

$$z\bar{z}=x^2+y^2, \quad x=\frac{z+\bar{z}}{2}, \quad y=\frac{z-\bar{z}}{2i}$$

に注意して, これらをもとの式に代入すれば,

$$\alpha z\bar{z}+\beta z+\bar{\beta}\bar{z}+\gamma=0 \tag{7.12}$$

の形の式が得られる. ただし

$$\alpha=A, \quad \gamma=D \text{ (実数)}, \quad \beta=\frac{1}{2}(B-iC)$$

である. このとき $B^2+C^2>4AD$ より $\beta\bar{\beta}>\alpha\gamma$ が成り立つ. この式に $z=1/w$ を代入して整理すれば

$$\gamma w\bar{w}+\bar{\beta}w+\beta\bar{w}+\alpha=0$$

となるがこれは式 (7.12) と同じ形であり, また係数に対して同じ条件 ($\beta\bar{\beta}>\alpha\gamma$) を満足しているため, 円または直線を表す.

---

* $A(x^2+y^2)+Bx+Cy+D=A(x+\frac{B}{2A})^2+A(y+\frac{C}{2A})^2-\frac{B^2+C^2-4AD}{4A}$ となるため円を表わすためには $B^2+C^2>4AD$ である必要がある.

例題 7.4

z 平面上の相異なる 3 点 z_1, z_2, z_3 を w 平面上の相異なる 3 点 w_1, w_2, w_3 に写像する関数は 1 次関数

$$\frac{w - w_1}{w - w_3} \cdot \frac{w_2 - w_3}{w_2 - w_1} = \frac{z - z_1}{z - z_3} \cdot \frac{z_2 - z_3}{z_2 - z_1} \tag{7.13}$$

によって与えられることを示せ. ただし 1 つの点が無限遠点の場合はそれを含む差の商は 1 で置き換えることにする.

【解】

$$f(w) = \frac{w_2 - w_3}{w_2 - w_1} \frac{w - w_1}{w - w_3}, \quad g(z) = \frac{z_2 - z_3}{z_2 - z_1} \frac{z - z_1}{z - z_3}$$

はともに 1 次関数である. また章末問題で示すように 1 次関数の逆関数, 合成関数は 1 次関数であるから

$$w = f^{-1}(g(z)) \tag{7.14}$$

も 1 次関数である. ここで明らかに

$$0 = f(w_1) = g(z_1), \quad 0 = f(w_2) = g(z_2), \quad \infty = f(w_3) = g(z_3)$$

すなわち

$$w_1 = f^{-1}(g(z_1)), \quad w_2 = f^{-1}(g(z_2)), \quad w_3 = f^{-1}(g(z_3))$$

が成り立つから, 式 (7.14) したがって式 (7.13) は求める 1 次関数である.

例題 7.5

$z_1 = 0, z_2 = 1, z_3 = \infty$ を $w_1 = i, w_2 = -1, w_3 = -i$ に写す 1 次関数を求めよ.

【解】 前述のように ∞ を含む商 $(1-\infty)/(z-\infty)$ を 1 とする. このとき, 求める写像は式 (7.13) から

$$w = -i \frac{z - i}{z + i}$$

となる．

◇問 **7.3**◇ 次の条件を満足する 1 次変換を求めよ．
(1) 3 点 $0,1,2$ を 3 点 $1,1/2,1/3$ に写す， (2) 3 点 $0,1,\infty$ を 3 点 $\infty,0,1$ に写す．

単位円内部または半平面をそれ自身の上へ，また単位円の内部を半平面に写像する関数も実用上重要である．このような関数も 1 次関数を用いて表せる．例として z 面上の単位円板を w 面上の上半面に写す変換を考える．この問題を考えるとき次の例題が役立つ．

例題 7.6
1 次変換によって z 面上の円 O が w 面上の円 O′ に写像されるとする．このとき円 O に関して鏡像の位置*にある 2 点はこの写像によって円 O′ に関して鏡像の位置にある 2 点に写ることを示せ（鏡像の原理）．

【解】 $w_1 = \dfrac{az_1 + b}{cz_1 + d},\quad w_2 = \dfrac{az_2 + b}{cz_2 + d}$ とすれば

$$\left|\frac{w - w_1}{w - w_2}\right| = h \left|\frac{z - z_1}{z - z_2}\right| \quad \left(h = \left|\frac{cz_2 + d}{cz_1 + d}\right|\right)$$

となる．ここで，k を定数として $|z - z_1|/|z - z_2| = k$ であれば，z はアポロニウス（Apollonius）の円を表し，z_1, z_2 はアポロニウスの円に関して鏡像の位置にある．このとき，$|w - w_1|/|w - w_2| = hk$ となり，w もアポロニウスの円であり，w_1, w_2 はこの円に関して鏡像の位置にある．

この例題を用いて，z 面上の上半平面を w 面上の単位円に写す 1 次変換を求めてみよう．
$$w = \frac{az + b}{cz + d} = \frac{a}{c}\frac{z + b/a}{z + d/c}$$
を上の条件を満足する写像とする．$w = 0$ と $w = \infty$ は単位円に関して鏡像の位置にある．0 に対応する z 面での点を α とすると鏡像の原理から ∞ に対応する点は $\bar{\alpha}$ となる．このことから求める写像は

---

* 中心が点 O で半径 r の円の円周をはさんで点 P と Q があり，点 O, P, Q は一直線上にあり，しかも $OP \cdot OQ = r^2$ が成り立つとき点 P と Q はその円に対して鏡像の位置にあるという．

$$w = \frac{a}{c}\frac{z-\alpha}{z-\bar{\alpha}}$$

とおけるが，実軸 $|z-\alpha| = |z-\bar{\alpha}|$ が $|w|=1$ に写像されるから，上式の絶対値をとれば，$|a/c|=1$ である必要がある．したがって，$a/c = e^{i\lambda}$ とおくことができる．以上をまとめると求める写像は

$$w = e^{i\lambda}\frac{z-\alpha}{z-\bar{\alpha}} \quad (\lambda: 実数)$$

となる．

7.4 初等関数による写像

本節では指数関数 e^z と対数関数 $\log z$，および三角関数のなかで $\sin z$ による写像を簡単に調べる．

まず指数関数

$$w = e^z \tag{7.15}$$

を考える．極座標を用いることにして，$w = re^{i\theta}$，$z = x+iy$ を式 (7.15) に代入すれば

$$re^{i\theta} = e^x e^{iy}$$

となる．したがって z 面の $x=c$ なる直線群は w 面では原点を中心とする半径 $r = e^c$ の同心円群に写像され，$y=k$ なる直線群は，原点から出る放射状の直線群 $\theta = k$ に写像される（図 7.9）．

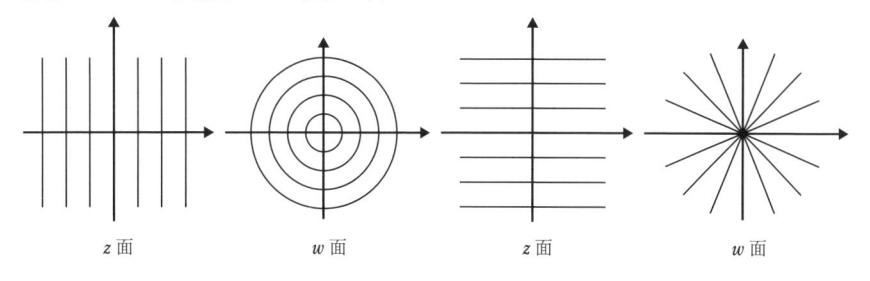

図 7.9 $w = e^z$ による写像

指数関数において，$e^{2n\pi i} = 1$（n: 整数）であるから，z のかわりに $z + 2n\pi i$ とおいても値は変化しない．すなわち，指数関数は 2π の周期性をもつため，z

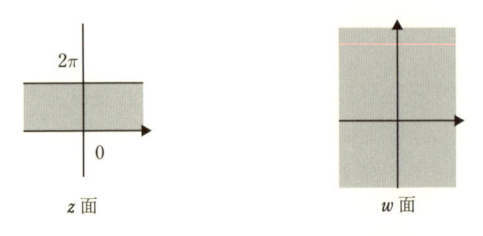

図 7.10 $w = e^z$ による z 面と w 面の対応

面において x 軸に平行な辺をもつ幅 2π の 1 つの帯状領域だけで w 面の全領域が表される．z 面の任意の点は $2n\pi i$ ずらせることによりこの帯状領域の対応する点に移動できるため w 面では同じ点を表すことになる．特に帯状領域の 1 つを $0 \leq y < 2\pi$ にとってこのことを図示したものが図 7.10 である．

対数関数
$$w = \log z \tag{7.16}$$
は指数関数の逆関数であるから，上述の指数関数の w と z の役割を逆にしたものが対数関数による写像となる．すなわち，z 面で原点を中心とする半径 $r = e^c$ の円は w 面では $x = c$ なる直線に写像され，z 面で原点から放射状に伸びる直線 $\theta = k$ は w 面では $y = k$ なる直線に写像される．すでに図 7.9 でこの写像は図示されている．ただしこの場合，図 7.9 の右側を z 面，左側を w 面と解釈する．

同様に図 7.10 の右側を z 面，左側を w 面とみなしたとき，対数関数による全平面の写像になるが，このように対数関数は全平面を幅 2π の帯状領域に写像する．ただし，z 面の 1 つの点が w 面では上下方向に $2n\pi i$ 離れた無限個の点に写像されるため，帯状領域も無限にできる．このことは対数関数が無限多価関数であることに対応している．

最後に
$$w = \sin z \tag{7.17}$$
を考える．
$$\sin z = \frac{e^{iz} - e^{-iz}}{2i} = \frac{e^{i(x+iy)} - e^{-i(x+iy)}}{2i}$$
$$= \frac{1}{2i}(e^{-y}(\cos x + i \sin x) - e^{y}(\cos x - i \sin x))$$

であるから
$$u = \frac{e^y + e^{-y}}{2}\sin x, \qquad v = \frac{e^y - e^{-y}}{2}\cos x$$
となる.

z面の格子がw面でどうなるかを調べよう.$-\pi/2 < x < \pi/2$において$y = c$なる直線群はw面で
$$\frac{u}{(e^c + e^{-c})/2} = \sin x, \quad \frac{v}{(e^c - e^{-c})/2} = \cos x$$
となる.これからxを消去すると
$$\frac{u^2}{a^2} + \frac{v^2}{b^2} = 1 \quad \left(a = \frac{e^c + e^{-c}}{2}, b = \frac{e^c - e^{-c}}{2}\right)$$
となるが,これは焦点が$(\pm 1, 0)$の楕円群を表す.特に$c > 0$のとき$v > 1$であるから,$y = c$は楕円の上半分で,$y = -c$は下半分になる.また$-\pi/2 < x < \pi/2$において$x = k$なる直線群は,w面で
$$\frac{u}{\sin k} = \frac{e^y + e^{-y}}{2}, \quad \frac{v}{\cos k} = \frac{e^y - e^{-y}}{2}$$
すなわち,yを消去して
$$\left(\frac{u}{\sin k}\right)^2 - \left(\frac{v}{\cos k}\right)^2 = \left(\frac{e^y + e^{-y}}{2}\right)^2 - \left(\frac{e^y - e^{-y}}{2}\right)^2 = 1$$
となる.これは$(\pm 1, 0)$を共通の焦点とする双曲線群である.このとき$x = c$は双曲線の右半分,$x = -c$は左半分である.

なお,$x = \pi/2$ならば
$$u = \frac{e^y - e^{-y}}{2}, \quad v = 0$$
である.したがってz平面の$x = \pi/2$というy軸に平行な直線はu軸上の$u > 1$なる部分に対応する.同様に$x = -\pi/2$はu軸上の$u < -1$なる部分に対応する.

$y = 0$ならば$u = \sin x, v = 0$である.したがって,z面のx軸はw面でu軸上の$-1 < u < 1$の部分に対応する.以上をまとめると図7.11のようになる.

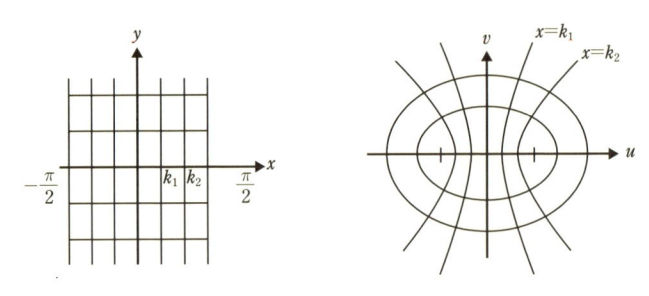

図 7.11 $w = \sin z$ による写像

◇**問 7.4**◇ 変換 $w = \cos z$ による写像を調べよ．

7.5 等角写像の応用

本節では理工学において非常によく現れる2次元のラプラス方程式

$$\frac{\partial^2 u}{\partial x^2} + \frac{\partial^2 u}{\partial y^2} = 0 \tag{7.18}$$

の境界値問題を，等角写像の応用として考えてみる．ここで境界値問題とは，ある領域で微分方程式を考えた場合に，その領域の境界において与えられた条件を満足する解を求める問題のことである．一般に式 (7.19) のように偏微分を含んだ微分方程式を偏微分方程式とよんでいるが，実用上重要になるのは境界値問題のように所定の条件を満足する解を見つけることである．なぜなら，単に偏微分方程式を満たすというだけでは解の関数形さえ決まらないことが多いからである．たとえば，上の2次元ラプラス方程式を例にとると，任意の正則関数の実部および虚部は第2章の章末問題 [2.6] で見たように式 (7.18) を満足する．

まずはじめに，正則関数による等角写像を，2変数の関数による変数変換とみなして，この変数変換によってラプラス方程式がどのように変換されるかを調べよう．すなわち，$f(z)$ を正則関数として

$$\zeta = \xi(x, y) + i\eta(x, y) = f(z)$$

としたとき，2変数の関数

7.5 等角写像の応用

$$\xi = \xi(x,y), \quad \eta = \eta(x,y) \tag{7.19}$$

による変数変換を考える.

一般に 2 変数 x,y の関数 g は式 (7.19) から ξ,η の関数とみなすこともできる.このとき,g の x,y による偏微分は ξ,η の偏微分を用いて

$$g_x = g_\xi \xi_x + g_\eta \eta_x$$

$$g_y = g_\xi \xi_y + g_\eta \eta_y$$

と表せる.さらに,この関係をもう一度使って

$$g_{xx} = \xi_x^2 g_{\xi\xi} + 2\xi_x \eta_x g_{\xi\eta} + \eta_x^2 g_{\eta\eta} + \xi_{xx} g_\xi + \eta_{xx} g_\eta$$

$$g_{yy} = \xi_y^2 g_{\xi\xi} + 2\xi_y \eta_y g_{\xi\eta} + \eta_y^2 g_{\eta\eta} + \xi_{yy} g_\xi + \eta_{yy} g_\eta$$

が得られるから,g のラプラシアン

$$\triangle g = \frac{\partial^2 g}{\partial x^2} + \frac{\partial^2 g}{\partial y^2} \tag{7.20}$$

は

$$\triangle g = (\xi_x^2 + \xi_y^2)g_{\xi\xi} + 2(\xi_x \eta_x + \xi_y \eta_y)g_{\xi\eta} + (\eta_x^2 + \eta_y^2)g_{\eta\eta} + g_\xi \triangle \xi + g_\eta \triangle \eta \tag{7.21}$$

となる.ところがコーシー・リーマンの方程式から

$$\xi_x^2 + \xi_y^2 = (\eta_y)^2 + (-\eta_x)^2 = \eta_x^2 + \eta_y^2, \quad \xi_x \eta_x + \xi_y \eta_y = \xi_x(-\xi_y) + \xi_y(\xi_x) = 0$$

であり,また ξ,η はラプラス方程式の解であるから

$$\triangle \xi = 0, \quad \triangle \eta = 0$$

が成り立つ.これらを式 (7.21) に代入すれば

$$(\xi_x^2 + \xi_y^2)(g_{\xi\xi} + g_{\eta\eta}) = 0$$

が得られる.したがって,ラプラス方程式は正則関数による変換により

$$\frac{\partial^2 g}{\partial \xi^2} + \frac{\partial^2 g}{\partial \eta^2} = 0$$

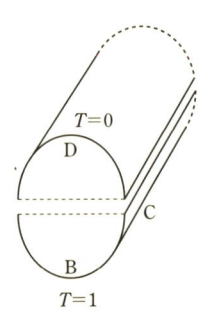

図 7.12 円筒内の熱伝導

というラプラス方程式に変換されることがわかる．このことは，もとの平面で関数 g が調和関数ならば，変数変換後の平面でも新しい変数に関して調和関数であることを意味している．

以上のことをもとにして，円形の領域内におけるラプラス方程式の次の境界値問題を考えよう*．

$$\begin{cases} \dfrac{\partial^2 T}{\partial x^2} + \dfrac{\partial^2 T}{\partial y^2} = 0 \\ T = 0 \quad on \quad \widehat{ADC} \\ T = 1 \quad on \quad \widehat{ABC} \end{cases} \tag{7.22}$$

この問題を解く場合，等角写像を用いて取り扱いやすい領域に写像した上で，ラプラス方程式を解くことを考える．最終的な解は簡単な領域での解を，もとの変数で表現すれば求まることになる．ここでは円領域を無限長の帯状領域に写像してみよう．ただし写像する関数を直接見つけるのは困難なため，はじめに円板を上半面に写像し，次に上半面を帯状領域に写像することにする．そのためには，前者に対しては1次関数，後者に対しては対数関数を用いればよい．すなわち，7.3 節で述べたように1次関数

$$w = u + iv = i\frac{1-z}{1+z} \quad \text{すなわち} \quad z = \frac{i-w}{i+w} \tag{7.23}$$

によって，z 面内の単位円内は w 面の上半面，円周は実軸（ただし円周の上半分は $x > 0$，下半分は $x < 0$）に写像される．また 7.4 節から対数関数

---

* T を温度とみなした場合のこの問題の物理的な意味は次のとおりである．すなわちこの問題は，図 7.12 に示すように断面が円形をした熱伝導率一定の筒状の熱伝導体の上半分の周囲の温度を 0 に保ち，下半分の周囲の温度を 1 に保ったときの定常状態での筒の内部の温度分布を求める問題になる．ただし筒は無限に長くどの断面でも同じ現象が起きているものとする．

7.5 等角写像の応用

$$\zeta = \frac{1}{\pi}\log w = \frac{1}{2\pi}\ln(u^2+v^2) + \frac{i}{\pi}\tan^{-1}\left(\frac{v}{u}\right) \quad (7.24)$$

によって，w 面の上半面は ζ 面の帯状領域

$$0 \le \mathrm{Im}\,\zeta \le 1$$

に写像される．このときの代表的な点の対応は図 7.13 に示すとおりである．

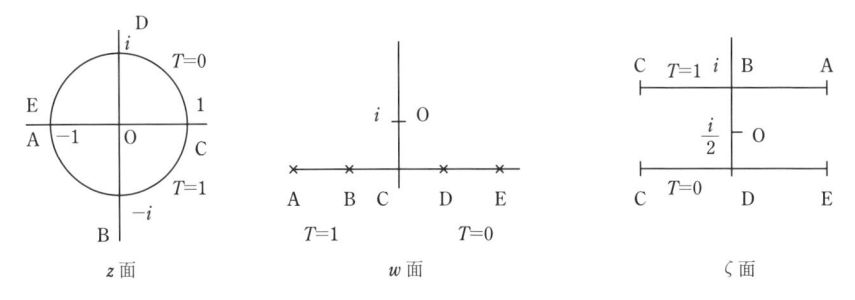

図 7.13 写像 $z = (i-w)/(i+w), \zeta = (1/\pi)\log z$ による点の対応

したがって，式 (7.22) は次のラプラス方程式の境界値問題

$$\begin{cases} \dfrac{\partial^2 T}{\partial \xi^2} + \dfrac{\partial^2 T}{\partial \eta^2} = 0 \\ T = 0 \ (\eta = 0) \\ T = 1 \ (\eta = 1) \end{cases} \quad (7.25)$$

に変換される．境界の形から，解は ξ に依存しないことがわかるのでラプラス方程式 (7.26) は

$$\frac{d^2 T}{d\eta^2} = 0$$

となり，簡単に解けて境界条件を満足する解

$$T = \eta \quad (7.26)$$

が得られる．

最終的な解は式 (7.26) をもとの変数 x, y に戻せば求まる．すなわち，式 (7.26) は w 面では

$$T = \frac{1}{\pi}\tan^{-1}\left(\frac{v}{u}\right)$$

となり,さらに式 (7.23) を用いて z 面の変数で表せば

$$T(x,y) = \frac{1}{\pi}\tan^{-1}\left(\frac{1-x^2-y^2}{2y}\right)$$

となる.

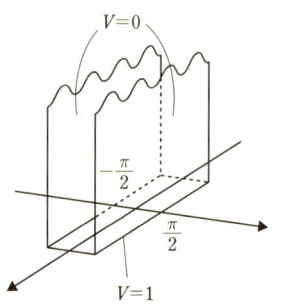

図 7.14 導体間の電位

次にカタカナの「コ」の字型をした半無限領域におけるラプラス方程式の次のような境界値問題を考える*.

$$\begin{cases} \dfrac{\partial^2 V}{\partial x^2} + \dfrac{\partial^2 V}{\partial y^2} = 0 \\ V = 0 \;\; \left(x = \frac{\pi}{2}, -\frac{\pi}{2}\right) \\ V = 1 \;\; (y = 0), \qquad V = 0 \;\; (y \to \infty) \end{cases} \tag{7.27}$$

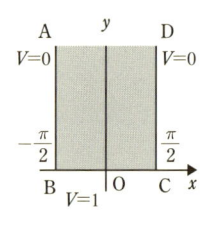

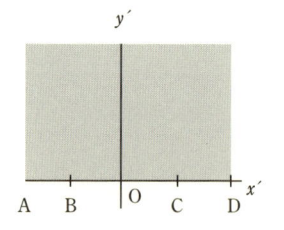

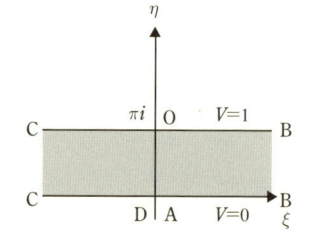

図 7.15 写像 $w = \sin z, \zeta = \log(w-1)/(w+1)$ による点の対応

---

* V を静電場における電位と解釈した場合,この問題の物理的な意味は次のようになる.すなわちこの問題は,図 7.14 に示すように無限に長い導体の板を幅が π のコの字型に折り曲げて角の部分を切り離して絶縁し,底面にあたる部分を電位 1 に保ち,側面は接地して電位を 0 に保ったとき,導体にはさまれた領域の電位を求める問題になる.

7.5 等角写像の応用

この問題を円形境界の問題と同じく等角写像を用いて領域を取り扱いやすい領域に写像して解いてみよう.

まず正則関数

$$w = \sin z \tag{7.28}$$

による等角写像を考える．これは 7.4 節で述べたように，帯状領域を上半面に写像する関数である．このときの点の対応は図 7.15 の左に示すとおりである．このままでは取り扱いにくいため，この上半面を正則関数

$$\zeta = \log \frac{w-1}{w+1} \quad (\zeta = \xi + i\eta) \tag{7.29}$$

を用いてもう一度写像する．章末問題で述べるように，式 (7.29) により上半面が $\eta = 0, \eta = \pi$ で囲まれた無限の帯領域に写像される．このときの点の対応を図 7.15 の右に示す．結局，2 回の写像により，もとの問題は

$$\frac{\partial^2 V}{\partial \xi^2} + \frac{\partial^2 V}{\partial \eta^2} = 0$$

$$V = 0 \quad (\eta = 0), \qquad V = 1 \quad (\eta = \pi)$$

に変換されたことになる．ところがこの問題は領域の幾何形状から，x 方向には物理量の変化しない 1 次元問題

$$\frac{d^2 V}{d\eta^2} = 0$$

であると考えられる．そして，この方程式の境界条件を満足する解は容易に求まって

$$V = \frac{\eta}{\pi}$$

となる．これは ζ/π の虚数部である．そこで，w に戻ると

$$\zeta = \log \frac{w-1}{w+1} = \ln \left| \frac{w-1}{w+1} \right| + i \arg \left(\frac{w-1}{w+1} \right) \quad (w = x' + iy')$$

であるから

$$V = \frac{1}{\pi} \arg \left(\frac{w-1}{w+1} \right)$$

となる．この式に $w = x' + iy'$ を代入して

$$V = \frac{1}{\pi}\arg\frac{(x'-1)+iy'}{(x'+1)+iy'} = \frac{1}{\pi}\tan^{-1}\frac{2y'}{x'^2+y'^2-1}$$

が得られる．

最後にこの関係を x–y 面で表現する．

式 (7.28) の変換により

$$x' = \sin x \cosh y, \qquad y' = \cos x \sinh y$$

となるから，

$$V = \frac{1}{\pi}\tan^{-1}\left(\frac{2\cos x \sinh y}{\sin^2 x \cosh^2 y + \cos^2 x \sinh^2 y - 1}\right)$$

$$= \frac{1}{\pi}\tan^{-1}\left(\frac{2\cos x \sinh y}{\sinh^2 y - \cos^2 x}\right) = \frac{2}{\pi}\left(\frac{\cos x}{\sinh y}\right)$$

が得られ，これが求める解になる．ただし，

$$\frac{2\cos x \sinh y}{\sinh^2 y - \cos^2 x} = \frac{2(\cos x / \sinh y)}{1-(\cos x/\sinh y)^2} = \tan 2\theta \quad \left(\theta = \frac{\cos x}{\sinh y}\right)$$

を用いた．

▷章末問題◁

[7.1] 4 点 α, β, γ, δ が同一円（直線）上にあるための必要十分条件は次式が成り立つことであることを示せ．

$$\frac{\alpha-\gamma}{\beta-\gamma} = k\frac{\alpha-\delta}{\beta-\delta} \quad (k:\text{実数})$$

[7.2] 次の関数によって $|z|<1$ の部分はどのような領域に写像されるか．

(1) $w = \dfrac{1+z}{1-z}$, (2) $w = \dfrac{1}{2}\left(z+\dfrac{1}{z}\right)$

[7.3] $z=-1, z=i, z=1+i$ を $w=0, w=2i, w=1-i$ に写す 1 次関数を求めよ．

[7.4] 1 次写像の逆写像・合成写像が 1 次写像になることを示せ．

[7.5] 変換 $w = \log\{(z-1)/(z+1)\}$ によって w 面の直交格子が z 面にどのように写像されるかを調べよ．

8

流体力学と関数論

　複素関数論の物理学や工学への応用の典型例として本章では縮まない流体の2次元運動を取り上げる．ここで，流体とは気体と液体の総称であるが，縮まないとしているため，直観的には水など液体を考えればよい*．また，流体の運動が2次元的であるとは，ある特定方向には流れが変化していないことを意味している．したがって，流れを記述する場合には1つの平面を考えればよいことになり，それと平行な面内では流れは同一であるとみなす．ここではこの面を x–y 面（またはガウス平面）とする．さらに，流体は粘性をもたないと仮定する．このように限っても多くの流体の流れがこれらの仮定を近似的に満たしている．こういった流れを調べることはもちろん物理や工学では非常に重要であるが，逆にこれらの流れを思いうかべることによって，複素関数を現実に目に見える形にできるため，本書ではやや詳しく取り上げた．

8.1 質量保存法則

　流体の運動を記述するための基本的な量に流れの速度 v がある．速度はベクトル量なので2次元では2つの成分をもっている．そこで x 成分を u，y 成分を v と記すことにする．本節では，この速度成分の間に成り立つ関係を求めてみよう．

　物理の基本法則に（物質が消滅したり，無からつくりだされないという）質量の保存法則がある．この質量保存法則を式で表すことにする．図 8.1 に示すように流体内に1辺の長さが δx と δy の微小な長方形 ABCD を考え，その中心の座標を (x, y) とする．以下，簡単のため流体の密度は1とする．この長方形の辺 AB を通して単位時間に流入する流体の質量は，AB にあった流体が単

---

*　気体は一見縮むように見えるが流速が遅い場合には縮まないとみなして差し支えない．

位時間後に長さ $u \times 1$ 移動することから

$$\text{密度} \times \text{体積} = 1 \times \overline{AB} \times u = u(x - \delta x/2, y)\delta y$$

となる．同様に辺 CD を通して流出する質量は $u(x + \delta x/2, y)\delta y$ となる．したがって，単位時間に x 方向から流入する正味の質量は

$$\begin{aligned}&(u(x-\delta x/2,y)-u(x+\delta x/2,y))\delta y\\&=\left(u(x,y)-\frac{\delta x}{2}\frac{\partial u}{\partial x}+O((\delta x)^2)-u(x,y)-\frac{\delta x}{2}\frac{\partial u}{\partial x}-O((\delta x)^2)\right)\delta y\\&=-\frac{\partial u}{\partial x}\delta x\delta y+O((\delta x)^2\delta y)\end{aligned}$$

となる．次に辺 BC を通して単位時間に長方形内に流入する質量は，$v(x, y - \delta y/2)\delta x$ であり，流出する質量は $v(x, y + \delta y/2)\delta x$ であるため，y 方向からの正味の流入量は

$$-\frac{\partial v}{\partial y}\delta y\delta x + O(\delta x(\delta y)^2)$$

となる．質量保存則から長方形に入った流体はそのまま出ていくため，正味の流入は 0 である．したがって，上の 2 つの式を足したものは 0 になるため，高次の微小量を省略して

$$\frac{\partial u}{\partial x} + \frac{\partial v}{\partial y} = 0 \tag{8.1}$$

が得られる．式 (8.1) は連続の式とよばれている．

連続の式は

$$u = \frac{\partial \psi}{\partial y}, \quad v = -\frac{\partial \psi}{\partial x} \tag{8.2}$$

を満足する関数 ψ によって恒等的に満足される．関数 ψ は流れ関数とよばれる．

> **例題 8.1**
> 点 A と点 B での流れ関数の差が AB を結ぶ曲線を単位時間に通りすぎる流量と等しいことを示せ．
>
> 【解】 図 8.2 に示すように流れ場のなかに 2 点 A, B をとり，A と B を結ぶひとつの曲線 C を考え，C を単位時間に横切る流体の体積（流量）を求めてみよう．C 上の点 P における流速を v とする．v を曲線の法線方向成分 v_n と接線方向成分 v_t に分解したとき，P を含む微小な線素 ds を通って

8.1 質量保存法則

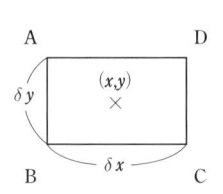

図 8.1 流体内の微小要素

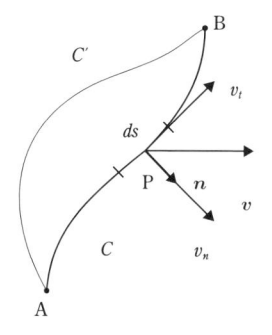

図 8.2 AB を通り過ぎる流量

単位時間に通りすぎる流量は

$$1 \times v_n ds$$

となる*.ここで 1 は単位時間の意味で,v_n との積は長さとなる.点 P での単位法線ベクトルを $\boldsymbol{n}$ とすれば,$\boldsymbol{n} = (dy/ds,\ -dx/ds)$ である.このとき v_n は

$$v_n = \boldsymbol{v} \cdot \boldsymbol{n} = u\frac{dy}{ds} - v\frac{dx}{ds} = \frac{\partial \psi}{\partial y}\frac{dy}{ds} + \frac{\partial \psi}{\partial x}\frac{dx}{ds}$$

となるため,AB を単位時間に通りすぎる流量は

$$\int_C v_n ds = \int_A^B \left(\frac{\partial \psi}{\partial y}\frac{dy}{ds} + \frac{\partial \psi}{\partial x}\frac{dx}{ds} \right) ds$$
$$= \int_A^B d\psi = \psi_B - \psi_A \tag{8.3}$$

である.ただし式 (8.2) を用いた.この式は点 A と点 B での流れ関数の差が AB を結ぶ曲線を単位時間に通りすぎる流量と等しいことを意味している.

式 (8.3) は流量が曲線 C の選び方によらないことも表しているが,このことは流体の非圧縮性を考えれば当然である.なぜなら AB を通る別の曲線 C' を

---

* v_t 方向成分については曲線に沿って流れるだけで通りぬけない.

考えたとき，流体は縮まないから C に入った流量と同じだけ C' から出ていく必要があるからである．流れ場の中に流れ関数の等高線を描くと，その曲線上の 2 点での流れ関数の差は 0 であるから，流れ出る流量はないことになり流体はその曲線を横切らない．すなわち流体はその曲線に沿って流れる．このような曲線を流線とよんでいる．

8.2 渦なし流れと複素速度ポテンシャル

次に流体の微小部分の回転を表す渦度 ω という物理量を
$$\omega = \frac{\partial v}{\partial x} - \frac{\partial u}{\partial y} \tag{8.4}$$

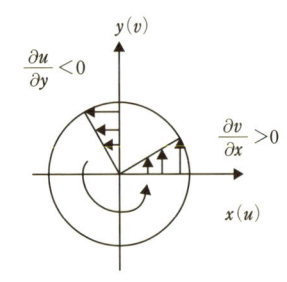

図 8.3 渦度

で定義しよう．実際，図 8.3 に示すように，流体の微小部分がある点のまわりに反時計まわりに回転しているとすれば，図から $\partial v/\partial x$ は正の量 a となり，同様に $-\partial u/\partial y$ も正の量 b となるため，これらを加えた式 (8.4) も正の値をもつ．なお，この微小部分が一定の角速度 Ω で回転しているとすれば，図のような座標系で $v = \Omega x$, $u = -\Omega y$ となるので $a = b = \Omega$ となる．すなわち渦度は回転角速度の 2 倍になることがわかる．

流体力学では，粘性をもたない流体のことを完全流体とよんでいるが，完全流体では，もし初期に渦度がなければ，新たに生じることはない（そして，もともと渦度があれば消えることはない）ということが知られている[*]．以下本章では，流体は完全流体で初期に渦度をもたない流れを考えることにするため，
$$\frac{\partial v}{\partial x} - \frac{\partial u}{\partial y} = 0 \tag{8.5}$$

---

[*] ヘルムホルツ（Helmholtz）の渦定理とよばれている．

8.2 渦なし流れと複素速度ポテンシャル

を仮定する（このような流れを渦なし流れという）.

渦なし流れに対しては,

$$u = \frac{\partial \phi}{\partial x}, \quad v = \frac{\partial \phi}{\partial y} \tag{8.6}$$

で定義される速度ポテンシャルとよばれる量 ϕ が存在する．実際，式 (8.6) を式 (8.5) の左辺に代入すると 0 になることは容易に確かめられる．

式 (8.2) と式 (8.6) から，ただちに

$$\frac{\partial \phi}{\partial x} = \frac{\partial \psi}{\partial y} \quad (=u), \quad \frac{\partial \phi}{\partial y} = -\frac{\partial \psi}{\partial x} \quad (=v) \tag{8.7}$$

が得られる．

ここで

$$w = \phi + i\psi \tag{8.8}$$

で定義される関数 w を考える．このとき，式 (8.7) は w が正則関数であることを意味するコーシー・リーマンの方程式になっていることがわかる．

式 (8.8) を z で微分すれば

$$\frac{dw}{dz} = \frac{\partial \phi}{\partial x} + i\frac{\partial \psi}{\partial x} = u - iv \tag{8.9}$$

となる．すなわち速度成分が得られるが，このことから w は複素速度ポテンシャル，また $dw/dz = f$ は複素速度とよばれる．

さて，曲線 C に沿って複素速度 f を積分してみよう．

$$\int_A^B f dz = \int_A^B \frac{dw}{dz} dz = \int_A^B d\phi + i\int_A^B d\psi$$

の右辺第 1 項は

$$\int_A^B d\phi = \int_A^B \left(\frac{\partial \phi}{\partial x}dx + \frac{\partial \phi}{\partial y}dy\right)$$
$$= \int_A^B (udx + vdy) = \int_A^B \boldsymbol{v} \cdot d\boldsymbol{r} = \int_A^B v_t ds$$

となる．したがってこの項は曲線 C に沿って接線速度 v_t を積分したものである（図 8.4）．また，第 2 項は例題 8.1 で述べたように C を通りすぎる単位時間あたりの流量を表す．

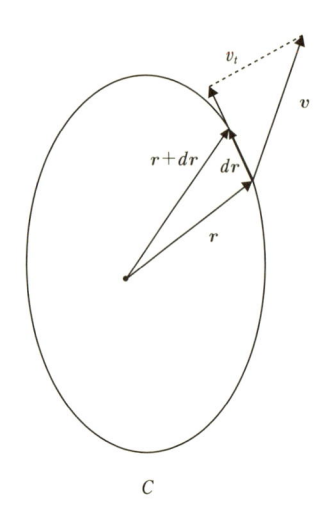

図 8.4 循環

特に C が閉曲線の場合には

$$\oint_C \frac{dw}{dz}dz = \oint_C d\phi + i\oint_C d\psi \equiv \Gamma(C) + iQ(C) \tag{8.10}$$

と書いて $\Gamma(C)$ のことを曲線 C のまわりの循環，$Q(C)$ のことをわき出しとよんでいる．

【補足】 コーシーの積分定理の流体力学的な解釈

上述のように縮まない流体の 2 次元渦なしの運動では複素速度 f が定義でき，それは複素速度ポテンシャル w を微分して得られたが，この複素速度を任意の閉曲線のまわりで積分してみよう．このとき，式 (8.10) から

$$\oint_C f dz = \oint_C \frac{dw}{dz}dz = \oint_C dw = \Gamma(C) + iQ(C)$$

が成り立つ．直感的にいえば，渦があると，閉曲線に沿った流れがあるため循環は 0 ではない．しかし，単連結領域における渦なし流れでは循環は 0 である．一方，8.1 節の最後でも述べたが縮まない流れではわき出しは 0 になる．なぜなら，もし 0 でなければ，閉曲線 C に囲まれた領域内で流体が吸い込まれたり発生したりしなければならない（特異点の存在を意味する）からである．

以上のことから，$\oint_C f dz = 0$ が成り立つのは渦なし（循環が 0）であることと縮まない流体の 2 次元運動であること（流量の保存）からの必然的な結果で

あることがわかる．一方，領域内に後述のわき出しや吸い込みなどの特異点がある場合には，一般に $\oint_C f dz \neq 0$ であることがわかる．

8.3 簡単な流れ

前節では，正則関数は縮まない渦なしの流体の流れと密接に関係することを示した．したがって，正則関数を視覚的にとらえるためには，流体の流れという日常よく目にする現象を思いうかべればよい．また，ラプラス方程式の線形性から複雑な流れも簡単な流れの和で表せる．

(a) 一様流と直角を回る流れ

もっとも簡単な正則関数として 1 次関数

$$w = Az \tag{8.11}$$

を考える．このとき複素速度は

$$\frac{dw}{dz} = A = u - iv$$

となるから，速度は場所によらず一定値

$$u = \mathrm{Re}\,A, \quad v = -\mathrm{Im}\,A$$

をとり，一様流を表すことがわかる．式 (8.11) の虚数部が流れ関数を表すから

$$A = a + ib, \quad z = x + iy$$

とおけば

$$\psi = bx - ay \tag{8.12}$$

となる．したがって流線（$\psi =$ 一定）は図 8.5 に示すような直線群になる．

次に 2 次関数

$$w = z^2 \tag{8.13}$$

が表す流れを考える．$z = x + iy$ を式 (8.13) に代入すれば，流れ関数として

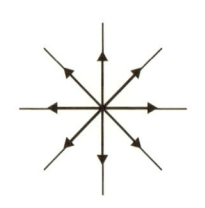

図 8.5 一様流　　**図 8.6** 直角まわりの流れ　　**図 8.7** わき出し

$$\psi = 2xy$$

が得られる．そこで流線を図示すれば図 8.6 に示すような直角双曲線群になる．これは x 軸および y 軸に関して対称であり，第 1 象限だけを考えれば直角を回る流れとなる．実際，上式を微分して速度成分を求めれば

$$u = x, \quad v = -y$$

となり x 軸上では $v = 0$，y 軸上では $u = 0$ となるため，座標軸を壁とみなすことができる．

(b) わき出しと渦糸

対数関数

$$w = \frac{m}{2\pi} \log z \quad (m : 実定数) \tag{8.14}$$

が表す流れを考える．この場合も直観的に理解しやすい流線を考えるが，z を極座標表示するとわかりやすい．$z = re^{i\theta}$ とおいて式 (8.14) に代入すれば

$$w = \frac{m}{2\pi} \ln r + i\frac{m}{2\pi}\theta$$

となる．したがって流線は

$$\psi = \frac{m}{2\pi}\theta$$

となるため，図 8.7 に示すように原点から放射状に伸びる直線になる．また複素速度は

$$\frac{dw}{dz} = \frac{m}{2\pi z}$$

となる．原点を中心とする円 C を考え，この円を単位時間に通りすぎる流量を考えると式 (8.10) から

$$\Gamma(C) + iQ(C) = \oint_C \frac{dw}{dz}dz = \frac{m}{2\pi}\oint_C \frac{1}{z}dz = mi$$

となる．したがって

$$\Gamma(C) = 0, \quad Q(C) = m$$

である．$m > 0$ のときは流量は正であるため流れは原点からわき出していることになり，逆に $m < 0$ のときには原点に吸い込まれる．m の大きさにより流量が変化するため m をわき出し（吸い込み）の強さとよぶ．

次に対数関数に純虚数を掛けた

$$w = -i\frac{k}{2\pi}\log z \quad (k：実数) \tag{8.15}$$

の表す流れを考えよう．わき出しのときと同じように z を極座標 $re^{i\theta}$ で表現すれば，複素速度ポテンシャルとして

$$\phi + i\psi = \frac{k}{2\pi}\theta + i\frac{k}{2\pi}\ln r$$

が得られる．この式は流線が

$$\psi = \frac{k}{2\pi}\ln r = 一定 \quad (したがって r = 一定)$$

で表されること，すなわち同心円であることを示している（図 8.8）．

流れ関数を用いて周方向の速度を求めれば

$$v_\theta = -\frac{\partial \psi}{\partial r} = -\frac{k}{2\pi r}$$

となり（章末問題），θ によらず一定値をとる．そして $k > 0$ のときは反時計まわり，$k < 0$ のときは時計まわりの流れになっている．

この流れの循環を求めれば

$$\Gamma(C) + iQ(C) = \oint_C \frac{dw}{dz}dz = -i\frac{k}{2\pi}\oint_C \frac{1}{z}dz = k$$

となる．すなわち k は循環の大きさを表している．このように式 (8.15) で表される流れは同心円を描く流れで渦のように見えるため渦糸とよばれる．

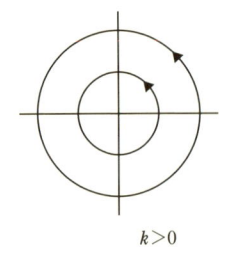

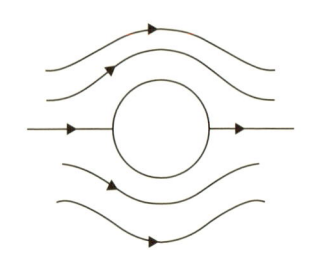

図 8.8 渦糸　　　図 8.9 円柱まわりの流れ

(c) 円柱まわりの流れ

$$w = U\left(z + \frac{a^2}{z}\right) \quad (U：実数) \tag{8.16}$$

を考えよう．式 (8.16) の虚数部から流れ関数，したがって流線を表す式が求まるが，ここでは極座標を用いて表現しよう．すなわち，式 (8.16) に $z = re^{i\theta}$ を代入して，虚数部＝一定とおけば

$$w = U\left(re^{i\theta} + \frac{a^2}{r}e^{-i\theta}\right) = U\left(r + \frac{a^2}{r}\right)\cos\theta + iU\left(r - \frac{a^2}{r}\right)\sin\theta \tag{8.17}$$

となるため

$$\psi = U\left(r - \frac{a^2}{r}\right)\sin\theta = 一定$$

が得られる．特に一定値が 0 になるような流線は，上式から

$$\theta = 0, \pi \quad \text{または} \quad r = a$$

である．前者は x 軸，後者は半径 a の円を表している．式 (8.16) は $|z|$ が大きいとき Uz に近づき，また円柱および x 軸を流線としているため，原点を中心とした半径 a の円柱に x 軸に平行な一様流があたる場合の流れを表している．なお，式 (8.17) の一定値をいろいろ変化させて図示したものが図 8.9 である．速度成分は

$$v_r = \frac{1}{r}\frac{\partial\phi}{\partial\theta} = U\left(1 - \frac{a^2}{r^2}\right)\cos\theta, v_\theta = -\frac{\partial\phi}{\partial r} = -U\left(1 + \frac{a^2}{r^2}\right)\sin\theta \tag{8.18}$$

となるから，円周上では

$$v_\theta = -2U\sin\theta$$

である．

8.4 完全流体中の物体に働く力

いままでの議論では連続の式（質量保存を表す）および流れが渦なしで2次元であるという仮定を用いただけであった．流れ場を指定するためには流速場だけでなく流体内部に働く圧力 P も知る必要がある．圧力を求めるためには運動量の保存を表す運動方程式を用いる必要がある．ここでは示さないが，この運動方程式から完全流体の流れ（ただし時間的に変化せず外力が働かない場合）では流線に沿って，

$$\frac{1}{2}\rho(u^2+v^2)+P=\text{定数} \tag{8.19}$$

となることが導ける．式 (8.19) はベルヌーイ（Bernoulli）の定理とよばれている．本節では，このベルヌーイの定理を用いて一様流中におかれた物体に働く力を計算することにする．

(a) 円柱に働く力

まず一様流中におかれた円柱に働く力を求めてみよう．完全流体の場合には円柱表面の上での圧力を積分すればよい．円柱に働く力を流れ方向成分 D と流れに垂直方向成分 L に分けて考える．D を抗力（抵抗），L を揚力とよぶ．このとき図 8.10 から

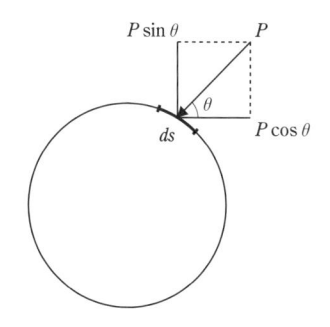

図 8.10 円柱に働く圧力

$$\begin{cases} D = -\oint_C P\cos\theta ds \\ L = -\oint_C P\sin\theta ds \end{cases} \tag{8.20}$$

となる．一方，円柱表面での圧力分布は式 (8.19), (8.18) および無限遠で

$$v = U, \quad P = P_\infty$$

であることから

$$P_\infty - \frac{\rho}{2}U^2 = P - \frac{\rho}{2}(v_r^2 + v_\theta^2) = P - \frac{\rho U^2}{2}(4\sin^2\theta)$$

したがって

$$P = P_\infty - \frac{\rho U^2}{2}(1 - 4\sin^2\theta)$$

となる．これを式 (8.20) に代入して積分を実行すれば

$$D = L = 0$$

となる．すなわち完全流体では円柱に抵抗も揚力も働かないことになる．この結論は明らかに日常経験に反することで，ダランベールのパラドックスとよばれている．

(b) ブラジウスの公式

円柱に働く力を計算した手続きをまとめると，完全流体の速度を複素速度ポテンシャルから求め，速度場からベルヌーイの定理を用いて表面圧力を決めて，それを積分した．そこで同様に考えれば，円柱でなくても複素速度ポテンシャルが既知であれば，物体に働く力が計算できる．

まず，C として物体表面をとれば，物体表面の力は式 (8.20) で与えられる．

$$dy = \cos\theta ds, \quad dx = -\sin\theta ds$$

であるから，これは

$$D = -\oint_C Pdy, \quad L = \oint_C Pdx \tag{8.21}$$

となる．ベルヌーイの定理

$$P = 定数 - \frac{1}{2}\rho(u^2 + v^2)$$

から式 (8.21) を速度で表せば，

$$D = \frac{1}{2}\rho \oint_C (u^2 + v^2)dy , \quad L = -\frac{1}{2}\rho \oint_C (u^2 + v^2)dx \tag{8.22}$$

となる．ただし定数項に対しては周回積分は 0 であるので取り除いている．

一方，C は 1 つの流線であるから，C 上で

$$\frac{dx}{u} = \frac{dy}{v}$$

が成り立つ*．この関係から

$$D - iL = \frac{1}{2}\rho \oint_C (2uvdx - (u^2 - v^2)dy) + \frac{i}{2}\rho \oint_C ((u^2 - v^2)dx + 2uvdy)$$
$$= \frac{1}{2}\rho \oint_C (2uv(dx + idy) + (u^2 - v^2)(idx - dy))$$

となる．ここで $dz = dx + idy$, $idz = idx - dy$ であるから，上式は

$$D - iL = \frac{1}{2}\rho \oint_C (u^2 - v^2 - i2uv)idz = \frac{1}{2}\rho i \oint_C (u - iv)^2 dz$$

となるが，被積分関数の括弧内は複素速度 (8.9) になっている．したがって

$$D - iL = \frac{1}{2}\rho i \oint_C \left(\frac{dw}{dz}\right)^2 dz \tag{8.23}$$

と書き換えられる．この式をブラジウス（Blasius）の公式とよんでいる．

(c) クッタ・ジューコフスキーの定理

一様流中におかれた任意形状の物体に働く力を求めよう．このような流れを表す複素速度ポテンシャルを w とすれば，複素速度は dw/dz となる．複素速度は閉曲線 C の外部領域では 1 価正則であるため，第 5 章で述べたように z のローラン級数に展開できる．ただし，無限遠で一様流れになるという条件から，ローラン展開の正のべきの項は定数項だけである．まとめると

$$\frac{dw}{dz} = U + \frac{C_1}{z} + \frac{C_1}{z^2} + \frac{C_2}{z^3} + \cdots \tag{8.24}$$

---

* なぜなら流線とはある点の接線と速度ベクトルが平行な曲線のことなので $d\boldsymbol{r} /\!/ \boldsymbol{v}$ と書けるからである．

となる．ここで $C_1, C_2, \cdots$ は定数である．式 (8.24) をブラジウスの公式に代入して積分を実行すると

$$D - iL = \frac{1}{2}\rho i \oint_C \left(U + \frac{C_1}{z} + \frac{C_1}{z^2} + \cdots\right)^2 dz$$

$$= \frac{1}{2}\rho i \oint_C \left(U^2 + \frac{2UC_1}{z} + \frac{C_1^2 + UC_1}{z^2} + \cdots\right) dz$$

となる．一方，第 4 章で見たように，この積分を各項ごとに実行するとき 0 でない項は括弧内の第 2 項だけである．したがって

$$D - iL = -2\pi\rho UC_1 \tag{8.25}$$

が得られる．

一方，この流れに対する複素速度ポテンシャルは式 (8.24) を積分して

$$w = Uz + C_1 \log z - \frac{C_2}{z} + \cdots$$

となるが，右辺第 2 項はわき出しまたは渦糸を表す．そこで

$$C_1 = \frac{1}{2\pi}(Q + i\varGamma)$$

と書くことにすれば，わき出しの強さは Q となり，また渦糸の循環は $\varGamma$ となる．これらを式 (8.25) に代入すれば

$$D = -\rho UQ, \quad L = \rho U\varGamma \tag{8.26}$$

が得られる．すなわち，完全流体中におかれた物体に働く力はその物体の形状には関係せず，わき出し量 Q と循環 $\varGamma$ だけによって決まる．式 (8.26) はクッタ・ジューコフスキー（Kutta-Joukowski）の定理とよばれている．

▷章末問題◁

[8.1] 極座標での速度成分 v_r, v_θ は流れ関数 ψ を用いて次式で与えられることを示せ．

$$v_r = \frac{1}{r}\frac{\partial \psi}{\partial \theta}, \quad v_\theta = -\frac{\partial \psi}{\partial r}$$

[8.2] 図 8.11 に示すように微小な円筒状の剛体が z 軸のまわりに角速度 Ω で回転しているものとする．このとき式 (8.4) を用いて渦度 ω を計算せよ．

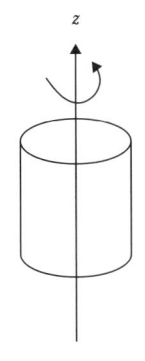

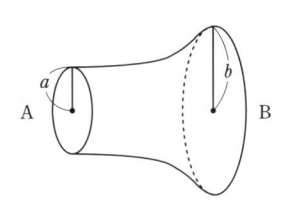

図 8.11 円筒状の剛体の回転　　**図 8.12** 内径が変化する円管

[8.3] 内径が a から b に変化する円形断面の管があり，その中を一定密度 ρ の完全流体が定常的に流れているとする．図 8.12 の A 点と B 点の圧力差を p としたとき，A 点での流速 v を ρ, p, a, b を用いて表せ．ただし $a < b$ とする．

[8.4] 完全流体の一様流中に半径 a の円柱がおかれた場合，円柱に循環 Γ があれば，複素速度ポテンシャルは

$$W = U\left(z + \frac{a^2}{z}\right) - \frac{i\Gamma}{2\pi}\log z$$

となる．このとき抗力および揚力はどのようになるか．

付　録

コーシーの積分定理のグールサによる証明

　正則関数とは簡単にいえば微分可能な関数であり，本書で取り上げた複素関数論は正則な関数の性質についての議論であった．そして正則な関数のもつもっとも際立った性質は第3章で述べたコーシーの積分定理

$$\oint_C f(z)dz = 0 \tag{1}$$

であった．この定理からコーシーの積分公式が導かれ，それを用いて正則な関数の n 階導関数の存在およびその積分表示が得られた．さらに，$dF(z)/dz = f(z)$ を満たす関数 $F(z)$（不定積分）の存在（したがって，$F(z)$ の正則性）も示せた．これらのことから，$f(z)$ が1回微分可能（すなわち正則）ならば，何回でも微分や積分が可能であると結論できた．

　しかしよく考えてみると，本文で述べたコーシーの積分定理の証明にはグリーンの定理が用いられており，そのとき $f'(z)$ が連続であるということを仮定していた．したがって，厳密には $f(z)$ の正則性（微分可能性）だけを用いたものではなかった．

　一方，グールサは $f'(z)$ の連続性を仮定せずにコーシーの積分定理を証明した．上述のことから，グールサの証明には重要な意味があることがわかる．以下にグールサの証明を述べる．

　まず図1に示すように，閉曲線 C は多角形の周 P で近似できることに注意する．厳密には多角形の各辺は直線なので曲線とは一致しないが，十分に辺の数を増やせば任意の小さな正数 ε を与えたとき C に沿った積分と P に沿った積分の差の絶対値が ε より小さくできることが証明できる．このことは直感的には明らかであるが厳密な証明は複雑なので省略する．

　次に多角形は，同じく図1に示すように，三角形に分割できることに注意す

る．このとき，各三角形の周を反時計まわりに回ると約束すれば，多角形の周を反時計まわりに回る積分は，これら各三角形のまわりの積分の和と一致すること，すなわち

$$\oint_C f(z)dz = \oint_{\Gamma_1} f(z)dz + \oint_{\Gamma_2} f(z)dz + \cdots + \oint_{\Gamma_N} f(z)dz \tag{2}$$

が成り立つことがわかる．なぜなら，図2に示すように隣り合った三角形において積分方向が必ず逆になるため，右辺の三角形の各辺上の積分はほとんど打ち消しあって，残るのは接していない部分，すなわち多角形の辺の部分だけになるからである．

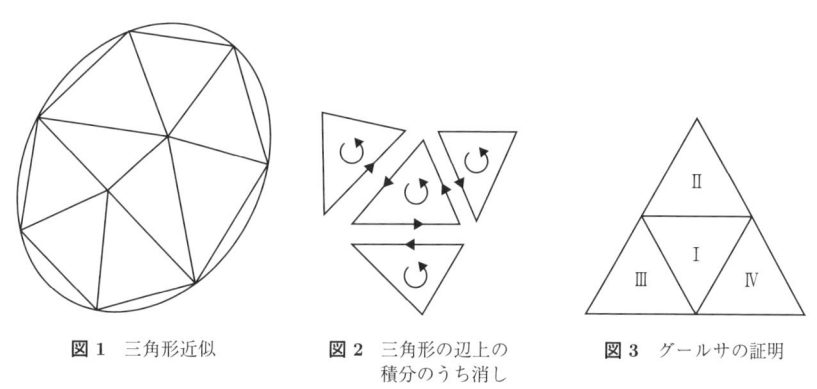

図1 三角形近似

図2 三角形の辺上の積分のうち消し

図3 グールサの証明

以上のことをまとめれば1つの三角形領域に対してコーシーの積分定理が証明できれば任意形状の領域（もちろん $f(z)$ は領域内で正則であるとする）において証明できたことになる．そこで以下に1つの三角形領域（周を C とする）に対してコーシーの積分定理を証明することにする．

図3に示すように C を4つの合同な三角形に分割してそれぞれの周を C_{I}, C_{II}, C_{III}, C_{IV} とすると式 (2) のあとで述べたことと同じ理由で

$$\oint_C f(z)dz = \oint_{C_{\mathrm{I}}} f(z)dz + \oint_{C_{\mathrm{II}}} f(z)dz + \oint_{C_{\mathrm{III}}} f(z)dz + \oint_{C_{\mathrm{IV}}} f(z)dz$$

が成り立つ．ここで右辺の各積分のなかで絶対値が最大の三角形の積分路を C_1 と書くことにすれば

$$\left|\oint_C f(z)dz\right| \leq \left|\oint_{C_{\mathrm{I}}} f(z)dz\right| + \left|\oint_{C_{\mathrm{II}}} f(z)dz\right| + \left|\oint_{C_{\mathrm{III}}} f(z)dz\right| + \left|\oint_{C_{\mathrm{IV}}} f(z)dz\right|$$

$$\leq 4 \left| \oint_{C_1} f(z) dz \right|$$

となる. C_1 で囲まれた三角形を上と同様に 4 つの合同な三角形に分けて, それぞれの積分値の中で絶対値が最大になる三角形の積分路を C_2 と書けば

$$\left| \oint_C f(z) dz \right| \leq 4 \left| \oint_{C_1} f(z) dz \right| \leq 4^2 \left| \oint_{C_2} f(z) dz \right|$$

となる. 以下, 同様に考えれば

$$\left| \oint_C f(z) dz \right| \leq 4^n \left| \oint_{C_n} f(z) dz \right| \tag{3}$$

が成り立つとともに, 三角形の面積は n が 1 増えるごとに 1/4 ずつ小さくなっていく. ここで, これらの小さくなっていく三角形の列のすべてに含まれている点を z_0 としよう.

関数 $f(z)$ は点 $z = z_0$ において微分可能であるから

$$f(z) = f(z_0) + (z - z_0) f'(z_0) + h(z)(z - z_0) \tag{4}$$

すなわち

$$\left| \frac{f(z) - f(z_0)}{(z - z_0)} - f'(z_0) \right| = |h(z)| \tag{5}$$

が成り立つ. ここで, $h(z)$ は, 任意の正数 ε に対して, ある正数 δ が存在して, $|z - z_0| < \delta$ のとき

$$|h(z)| < \varepsilon \tag{6}$$

とできるような関数である.

式 (4) を C_n を周にもつような三角形で積分すると

$$\oint_{C_n} f(z) dz$$
$$= \oint_{C_n} f(z_0) dz + \oint_{C_n} (z - z_0) f'(z) dz + \oint_{C_n} (z - z_0) h(z) dz$$
$$= (f(z_0) - z_0 f'(0)) \oint_{C_n} dz + f'(0) \oint_{C_n} z dz + \oint_{C_n} (z - z_0) h(z) dz$$

となる. ここで, 以下の例題に示すように

付　録

$$\oint_{C_n} dz = 0, \quad \oint_{C_n} z dz = 0$$

が成り立つことを用いると

$$\oint_{C_n} f(z) dz = \oint_{C_n} (z - z_0) h(z) dz \tag{7}$$

であることがわかる．

n を十分に大きくとれば，C_n を周とする三角形は円 $|z - z_0| < \delta$ の内部に入る．したがって，C_n の長さを l_n として，C_n 上のすべての点に対して $|z - z_0| \leq l_n/2$ となる．そこで，式 (7) から

$$\left| \oint_{C_n} f(z) dz \right| = \left| \oint_{C_n} (z - z_0) h(z) dz \right| \leq \oint_{C_n} |z - z_0| |h(z)| dz < \varepsilon \frac{l_n}{2} l_n = \frac{\varepsilon}{2} l_n^2$$

ここで，もとの三角形の周の長さを l として $l_n = l/2^n$ であることに注意すれば

$$\left| \oint_C f(z) dz \right| \leq 4^n \left| \oint_{C_n} f(z) dz \right| < 4^n \frac{\varepsilon}{2} l_n^2 = \frac{\varepsilon}{2} l^2$$

となる．ここで ε はいくらでも小さくなるため，左辺の積分は 0 になることが証明された．

例題 1

次式が成り立つことを積分の定義を用いて示せ．

(1) $\oint_C dz = 0$,　　(2) $\oint_C z dz = 0$

【解】　(1) 部分和 S_n は

$$S_n = \sum_{m=1}^{n} \Delta z_m = (z_1 - z_0) + (z_2 - z_1) + \cdots + (z_n - z_{n-1}) = z_n - z_0$$

となるが，C は閉曲線なので $z_n = z_0$，すなわち $S_n = 0$ となる．したがって，$n \to \infty$ の極限でも 0 であるため積分は 0 である．
(2) 部分和を求めるとき，Δz_m における被積分関数の評価点を z_{m-1} とすれば

$$S_n = \sum_{m=1}^{n} z_{m-1} \Delta z_m = z_0(z_1 - z_0) + z_1(z_2 - z_1) + \cdots + z_{n-1}(z_n - z_{n-1})$$

となり，被積分関数の評価点を z_m とすれば

$$S_n = \sum_{m=1}^{n} z_m \Delta z_m = z_1(z_1 - z_0) + z_2(z_2 - z_1) + \cdots + z_n(z_n - z_{n-1})$$

となる．これら2つの式を足して2で割れば

$$S_n = \frac{1}{2}(z_n^2 - z_0^2)$$

となるが，C は閉曲線なので $z_n = z_0$，すなわち S_n は 0 である．したがって，積分値も 0 になる．

略　　解

第1章

問 **1.1** $2+3i$: 実部 2, 虚部 3, 共役複素数 $2-3i$, 絶対値 $\sqrt{2^2+3^2}=\sqrt{13}$
$-3-4i$: 実部 -3, 虚部 -4, 共役複素数 $-3+4i$, 絶対値 $\sqrt{(-3)^2+4^2}=5$

問 **1.2** (1) $\alpha-\bar{\beta}=2+3i-(-3+4i)=5-i$
(2) $\frac{\alpha}{\beta}=\frac{2+3i}{-3+4i}=\frac{(2+3i)(-3-4i)}{(-3+4i)(-3-4i)}=\frac{(-6+12)+(-8-9)i}{25}=\frac{6}{25}-\frac{17}{25}i$
(3) $\alpha\beta^2=(2+3i)(-3-4i)^2=(2+3i)(-7+24i)=-86+27i$

問 **1.3** (1) $1+i=\sqrt{2}\left(\cos(\pi/4)+i\sin(\pi/4)\right)$,
(2) $-1-i=\sqrt{2}(\cos(-3\pi/4)+i\sin(-3\pi/4))=\sqrt{2}(\cos(3\pi/4)-i\sin(3\pi/4))$
(3) $1-\sqrt{3}i=2(\cos(-\pi/3)+i\sin(-\pi/3))=2\cos(\pi/3)-i\sin(\pi/3)$

問 **1.4** $|z_1|=|(z_1+z_2)+(-z_2)|\leq|z_1+z_2|+|-z_2|=|z_1+z_2|+|z_2|$

問 **1.5** (1) 中心が $(0,1)$, 半径が 2 の円内. (2) $z-1=Z$ とおく. 例題 1.6 の領域を右へ 1 だけ平行移動したもの.

章末問題

[1.1] (1) $z=(2-i)(3-4i)=((2-i)(3+4i))/((3-4i)(3+4i))=(2+i)/5\to$
$\mathrm{Im}(z)=1/5$
(2) $z=(1+i)^2/(3-2i)=((1+2i-1)(3+2i))/((3-2i)(3+2i))$
$=(-4+6i)/13\to\mathrm{Re}(z)=-4/13$
(3) $|(3+4i)/(3+i)|=|3+4i|/|3+i|=\sqrt{25}/\sqrt{10}=\sqrt{10}/2$

[1.2] (1) $z=-3-3i,|z|=\sqrt{9+9}=3\sqrt{2},\arg(z)=5\pi/4+2n\pi$
(2) $z=-1+\sqrt{3}i,|z|=\sqrt{1+3}=2,\arg(z)=2\pi/3+2n\pi$
(3) $z=(1+4i)/(4-i)=i(4-i)/(4-i)=i,|z|=1,\arg(z)=\pi/2+2n\pi$

[1.3] $z_1=x_1+iy_1,z_2=x_2+iy_2$ とおくと $\bar{z}_1z_2=x_1x_2+y_1y_2+i(x_1y_2-x_2y_1)$
$z_1z_2=x_1x_2-y_1y_2+i(x_1y_2+x_2y_1),\mathrm{Re}(z_1z_2)+\mathrm{Re}(\bar{z}_1z_2)=2x_1x_2=2\mathrm{Re}\,z_1\mathrm{Re}\,z_2$

[1.4] $z=x+iy$ とおくと $z(i-1)=-x-y+i(x-y),-\bar{z}(1+i)=-(x+y)-i(x-y)$
$x-y=y-x,\to x=y,\to z=x(1+i),\arg z=\pi/4+2n\pi$

[1.5] (左辺)$^2=|(1+x)+iy|^2=1+2x+x^2+y^2$, (右辺)$^2=1+2\sqrt{x^2+y^2}+x^2+y^2$
(右辺)$^2-$(左辺)$^2=2(\sqrt{x^2+y^2}-x)\geq 0$(等号は $y=0$ のとき) 次に
$z=z_2/z_1$ とおく. $|1+z_2/z_1|\leq 1+|z_2/z_1|\to|z_1+z_2|\leq|z_1|+|z_2|$

[1.6] (1) $z = x+iy, z^2 = x^2 - y^2 + 2ixy, \text{Re}(z^2) = x^2 - y^2 \geq 1$

(2) $|z| = r, 1/r \leq 2$ $r \geq 1/2$

(3) $z = x+iy$ とおくと, $1 - x = \sqrt{x^2 + y^2}, y^2 = -2x + 1$

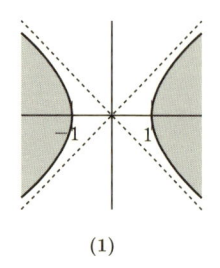

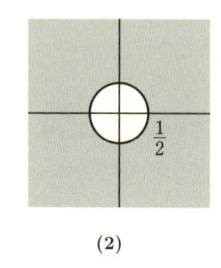

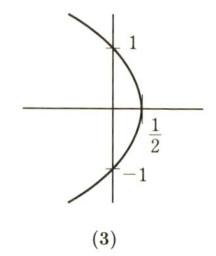

(1)　　　　　　　(2)　　　　　　　(3)

[1.7] $\cos 4\theta = \text{Re}(\cos\theta + i\sin\theta)^4 = \cos^4\theta - 6\cos^2\theta \sin^2\theta + \sin^4\theta$

第 2 章

問 2.1 (1) 式 (2.5) から $x + y = (1/2 + 1/(2i))z + (1/2 - 1/(2i))\bar{z} = (1-i)z/2 + (1+i)\bar{z}/2$

(2) $x^3 + 3x^2(iy) + 3x(iy)^2 + (iy)^3 = (x+iy)^3 = z^3$

問 2.2 (1) $u + iv = (x+iy)^3 - 2(x+iy) + 1 = x^3 - 3xy^2 - 2x + 1 + i(3x^2y - y^3 - 2y)$
$u_x = 3x^2 - 3y^2 - 2, v_y = 3x^2 - 3y^2 - 2; u_y = -6xy, v_x = 6xy$
コーシー・リーマンの方程式成立→微分可能

(2) $u = x^2 + y^2 + x, v = -y; u_x = 2x + 1, v_y = -1, u_y = 2y, v_x = 0$
コーシー・リーマンの方程式不成立 ($x = -1, y = 0$ でのみ微分できる)

(3) $u + iv = 1/(x+iy)^2 = (x^2 - y^2)/(x^2+y^2)^2 - 2xyi/(x^2+y^2)^2, u_x = v_y = (-2x^3 + 6xy^2)/(x^2+y^2)^3, u_y = -v_x = (-6x^2y + 2y^3)/(x^2+y^2)^3$
コーシー・リーマンの方程式成立→微分可能

(4) $u = e^x \cos 2y, v = e^x \sin 2y, u_x = e^x \cos 2y, v_y = 2e^x \cos 2y, u_y = -2e^x \sin 2y, v_x = e^x \sin 2y$
コーシー・リーマンの方程式不成立→微分不可能

問 2.3 式 (2.5) から $\partial x/\partial z = 1/2, \partial y/\partial z = 1/(2i), \frac{\partial}{\partial z} = \frac{\partial x}{\partial z}\frac{\partial}{\partial x} + \frac{\partial y}{\partial z}\frac{\partial}{\partial y} = \frac{1}{2}\frac{\partial}{\partial x} + \frac{1}{2i}\frac{\partial}{\partial y} = \frac{1}{2}\left(\frac{\partial}{\partial x} - i\frac{\partial}{\partial y}\right)$

問 2.4 (1) $(\log(z^2 + 1))' = \frac{1}{z^2+1} \cdot 2z = \frac{2z}{z^2+1}$

(2) $(\tan z)' = (\cos^2 z + \sin^2 z)/\cos^2 z = \sec^2 z$

問 2.5 (1) $v_y = 2x = u_x$ より $u = x^2 + f(y), u_y = f'(y) = -v_x = -2y$ より $f(y) = -y^2 + C$ ゆえに $u + iv = x^2 - y^2 + i2xy + C = (x+iy)^2 + C = z^2 + C$

略　解　　　　　　　　　　153

(2) $u_x = (x^2+y^2-2x^2)/(x^2+y^2)^2 = v_y$,　　$v = -y/(x^2+y^2) + f(x), v_x = 2xy/(x^2+y^2)^2 + f'(x) = -u_y = 2xy/(x^2+y^2)^2, f'(x) = 0, f(x) = C$ ゆえに, $u+iv = x/(x^2+y^2) + i(-y/(x^2+y^2) + C) = (x-iy)/(x^2+y^2) + iC = \boxed{1/z + iC}$

章末問題

[2.1] (1) $u = x^2 + y^2, v = -2xy \to u_x = 2x, v_y = -2x, u_y = 2y, -v_x = 2y \to$ y 軸上で微分可能

(2) $u = x^2 + y^2, v = 0, u_x = 2x, v_y = 0, u_y = 2y, v_x = 0 \to$ 原点でのみ微分可能

[2.2] (1) $u = \tan^{-1} y/x, v = 0 \cdots$ 正則でない

(2) $z \neq 2$ で正則

(3) $u = \sin x \cosh y, v = \cos x \sinh y, u_x = v_y = \cos x \cosh y, u_y = -v_x = \sin x \sinh y \to$ 正則

[2.3] (1) $f(z) = u+iv$ とおくと $u = c; u_x = u_y = 0 \to v_x = v_y = 0$(コーシー・リーマンの方程式), v : 定数 $\to f(z)$: 定数

(2) $f(z) = u+iv$ とおくと $v = cu$, コーシー・リーマンの方程式から $u_x = v_y = cu_y, u_y = -v_x = -cu_x, u_y$ を消去して $u_x(1+c^2) = 0$ したがって $u_x = 0, u_y = 0, u$: 定数 $\to v$: 定数 $\to z$: 定数

[2.4] (1) $u_x = v_y = x+1 \to u = x^2/2 + x + g(y) \to u_y = dg/dy = -v_x = -y, g = -y^2/2 + C, f(z) = x^2/2 + x - y^2/2 + C + i(xy+y) = (x^2 - y^2 + 2ixy)/2 + (x+iy) + C = \boxed{z^2/2 + z + C}$

(2) $v_y = e^x(x\cos y + \cos y - y\sin y) = u_x \to u = e^x(x\cos y - y\sin y) + g(y)$ $u_y = -e^x(x\sin y + y\cos y + \sin y) + g'(y) = -v_x + g'(y) \to g' = 0 \to g = C, u+iv = e^x(x\cos y - y\sin y) + ie^x(x\sin y + y\cos y) + C = \boxed{ze^z + C}$

[2.5] $r = \sqrt{x^2+y^2}, \theta = \tan^{-1}(y/x); r_x = x/\sqrt{x^2+y^2} = x/r = \cos\theta, r_y = y/r = \sin\theta$

$\theta_x = (-y/x^2)/(1+y^2/x^2) = -y/r^2 = -\sin\theta/r, \theta_y = \cos\theta/r$

$u_x = u_r r_x + u_\theta \theta_x = u_r \cos\theta - u_\theta \sin\theta/r = v_r \sin\theta + v_\theta \cos\theta/r = v_y \cdots$ (a)

$u_y = u_r \sin\theta + v_\theta \cos\theta/r = -v_r \cos\theta + v_\theta \sin\theta/r = -v_x \cdots$ (b)

(a) $\cos\theta$ + (b) $\sin\theta \to u_r = v_\theta/r;$ (a) $\sin\theta$ − (b) $\cos\theta \to v_r = -u_\theta/r$

[2.6] $u_x = v_y, u_y = -v_x$ より $u_{xx} = v_{yx} = v_{xy} = -u_{yy}$ および $v_{xx} = -u_{yx} = -u_{xy} = -v_{yy}$

[2.7] $f' = u_x + iv_x; |f'|^2 = u_x u_x + v_x v_x = u_x v_y + v_x(-u_y) = u_x v_y - v_x u_y$

第3章

問 3.1 (1) $e^{5\pi i/6} = \cos(5\pi/6) + i\sin(5\pi/6) = -\sqrt{3}/2 + i/2$
(2) $e^{-\pi i/3} = \cos(-\pi/3) + i\sin(-\pi/3) = 1/2 - \sqrt{3}i/2$
(3) $e^{2+i} = e^2\cos 1 + ie^2\sin 1$

問 3.2 (1) $e^x(\cos y + i\sin y) = 2, e^x\cos y = 2, e^x\sin y = 0 \to y = 2n\pi, x = \log 2; z = \log 2 + 2n\pi i$
(2) $e^x(\cos y + i\sin y) = -1; y = (2n+1)\pi, x = 0; z = (2n+1)\pi i$

問 3.3 (1) $(e^z - e^{-z})/2 = 0, e^{2z} = 1, e^{2x}e^{2iy} = 1, x = 0, y = n\pi; z = n\pi i$
(2) $(e^z + e^{-z})/2 = 0, e^{2z} = -1, e^{2x}e^{2iy} = -1, x = 0, y = (2n+1)\pi/2, z = (2n+1)\pi i/2$

問 3.4 (1) $\sin z = (e^{iz} - e^{-iz})/(2i) = 0, e^{2iz} = 1 = \cos 2n\pi + i\sin 2n\pi; z = n\pi$
(2) $\cos z = (e^{iz} + e^{-iz})/2 = 0, e^{2iz} = -1 = \cos(2n+1)\pi + i\sin(2n+1)\pi; z = (2n+1)\pi/2$

問 3.5 (1) $\sin(z+\pi) = (e^{iz}e^{i\pi} - e^{-iz}e^{-i\pi})/(2i) = (-e^{iz} + e^{-iz})/(2i) = -\sin z$
(2) $\cos(-z) = (e^{-iz} + e^{-(-iz)})/2 = (e^{iz} + e^{-iz})/2 = \cos z$

問 3.6 (1) $z = 1, \infty$, (2) $z = -1, 1$

問 3.7 (1) $\log 3 \to \ln 3 + 2n\pi i$, (2) $\log(-i) = \log e^{(3\pi/2 + 2n\pi)i} = (3\pi/2 + 2n\pi)i$
(3) $\log(1+i) = \ln\sqrt{2} + i\arg(1+i) = \tfrac{1}{2}\ln 2 + i(\pi/4 + 2n\pi)$

問 3.8 (1) $z = re^{i\theta}$ とおくと, $\log z = \ln r + i(\theta + 2n\pi) = \pi i/2$, $r = 1, n = 0, \theta = \pi/2, z = e^{i\pi/2} = i$
(2) 同様に $\ln r + i(\theta + 2n\pi) = 1 - \pi i, r = e, n = 0, \theta = -\pi, z = ee^{-\pi i} = -e$

問 3.9 (1) $z = \cos w$ とおくと $z = (e^{iw} + e^{-iw})/2, (e^{iw})^2 - 2ze^{iw} + 1 = 0$, $e^{iw} = z \pm \sqrt{z^2-1}, iw = \log(z \pm \sqrt{z^2-1})$ より
(2) $z = \tan w$ とおくと $e^{iw} = a$ として $z = \sin w/\cos w = -i(a^2-1)/(a^2+1), iz(a^2+1) = a^2 - 1, a^2 = e^{2iw} = (1-iz)/(1+iz), w = (i/2)\log\{(i+z)/(i-z)\}$

問 3.10 (1) $z = \cosh w$ とおくと $(e^w + e^{-w})/2 = z$, $e^{2w} - 2ze^w + 1 = 0, e^w = z \pm \sqrt{z^2-1}, w = \log(z \pm \sqrt{z^2-1})$
(2) $z = \tanh z$ とおくと $(e^w - e^{-w})/(e^w + e^{-w}) = (a^2-1)/(a^2+1) = z$ $(a = e^w), a^2 = (1+z)/(1-z), w = (1/2)\log(1+z)/(1-z)$

問 3.11 (1) $i^i = e^{i\log i} = e^{i(\ln 1 + (2n\pi + \pi/2)i)} = e^{-(\pi/2 + 2n\pi)}$
(2) $(1-i)^i = e^{i\log(1-i)} = e^{i(\ln\sqrt{2} + (2n\pi - \pi/4)i)} = e^{\pi/4 - 2n\pi}e^{i(\ln 2)/2}$

(3) $(1+i)^{i-1} = e^{(i-1)\log(1+i)} = e^{(-1+i)((\ln 2)/2+(2n\pi+\pi/4)i)}$
$= e^{-(\ln 2)/2-(2n\pi+\pi/4)}e^{((\ln 2)/2-(2n\pi+\pi/4))i} = \underline{e^{-(\pi/4+2n\pi)}\{(\cos(\ln 2)+ \sin(\ln 2)) + i(\sin(\ln 2) - \cos(\ln 2))\}/2}$

問 3.12 $z^m = e^{m(\ln r+i(\theta+2n\pi))} = e^{m(\ln r+i\theta)} = e^{m\text{Log}z}$ (1 価)
$z^{1/m} = e^{(\ln r+i(\theta+2n\pi))/m} = e^{(\ln r)/m+i(\theta+2n\pi)/m}; n = 0, 1, \cdots, m-1$ により値が異なる (m 価)

章末問題

[3.1] (1) $e^z = e^x(\cos y + i\sin y); (e^z)^n = e^{nx}(\cos y + i\sin y)^n$
$= e^{nx}(\cos ny + i\sin ny) = e^{nx}e^{iny} = e^{nz}$
(2) $\bar{e^z} = e^x(\cos y - i\sin y) = e^x e^{-iy} = e^{x-iy} = e^{\bar{z}}$

[3.2] (1) $e^x\cos y = 2, e^x\sin y = 0 \to$ 第 2 式から $y = n\pi$, 第 1 式から $e^x(-1)^n = 2$;
$n = 2m, x = \ln 2; \underline{z = \ln 2 + 2m\pi i}$
(2) $z^2 = \log 1 = 2n\pi i, z = re^{i\theta}$ とおいて $z^2 = r^2 e^{2i\theta} = r^2(\cos 2\theta + i\sin 2\theta) = 2n\pi i, \cos 2\theta = 0 \to 2\theta = \pi/2 + m\pi,$
$\theta = \pi/4 + m\pi/2, r^2\sin(\pi/2 + m\pi) = r^2(-1)^m = 2n\pi;$
$\underline{n > 0 \text{ のとき}}$ m は偶数で $r = \sqrt{2n\pi}, 2\theta = \pi/2 + 2k\pi,$
$z = \sqrt{2n\pi}e^{(\pi/4+k\pi)i} = \underline{\pm\sqrt{2n\pi}e^{\pi i/4}}$;
同様に $\underline{n < 0 \text{ のとき}}$ m は奇数で $r = \sqrt{-2n\pi}, 2\theta = \pi/2 + (2k+1)\pi, z = \underline{\pm\sqrt{-2n\pi}e^{3i\pi/4}}$

[3.3] (1) $\sin z = (e^{iz} - e^{-iz})/(2i) = (1/2)(e^{-y} + e^y)\sin x - (i/2)(e^{-y} - e^y)\cos x$
虚部 $= 0$ より $x = \pi/2 + n\pi$ または $y = 0, \underline{z = (\pi/2 + n\pi) + ia(a:\text{任意の実数})}$ または $\underline{z = b(b:\text{任意の実数})}$
(2) $\cosh z = (e^z + e^{-z})/2 = \{(e^x + e^{-x})\cos y + i(e^x - e^{-x})\sin y\}/2$
虚部 $= 0$ より $x = 0$ または $y = n\pi, \underline{z = ia(a:\text{任意の実数})}$ または $\underline{z = b + in\pi(b:\text{任意の実数})}$

[3.4] (1) $\tanh(-z) = (e^{-z} - e^z)/(e^{-z} + e^z) = -(e^z - e^{-z})/(e^z + e^{-z}) = -\tanh z$
(2) $\frac{\tanh z_1 + \tanh z_2}{1 + \tanh z_1 \tanh z_2} = \frac{\sinh z_1 \cosh z_2 + \sinh z_2 \cosh z_1}{\cosh z_1 \cosh z_2 + \sinh z_1 \sinh z_2} = \frac{\sinh(z_1+z_2)}{\cosh(z_1+z_2)} = \tanh(z_1 + z_2)$
(3) $\frac{\tan z_1 + \tan z_2}{1 - \tan z_1 \tan z_2} = \frac{\sin z_1 \cos z_2 + \sin z_2 \cos z_1}{\cos z_1 \cos z_2 - \sin z_1 \sin z_2} = \frac{\sin(z_1+z_2)}{\cos(z_1+z_2)}$

[3.5] (1) $z + 1 = w = re^{i\theta} \to \log w = \ln r + i(\theta + 2n\pi) = 1 - i$
$\ln r = 1 \to r = e; \theta = -1, n = 0$ ゆえに $z = ee^{-i} - 1 = \underline{e^{1-i} - 1}$
(2) $\cos z = w = re^{i\theta} \to \log w = \ln r + i(\theta + 2n\pi) = 1 \to r = e, \theta = 0, n = 0$
$\to w = e, \cos z = e = (e^{iz} + e^{-iz})/2; (e^{iz})^2 - 2ee^{iz} + 1 = 0 \to e^{iz} =$

$$e \pm \sqrt{e^2-1} = e^{ix}e^{-y}$$
$$x = 2n\pi, y = -\ln(e \pm \sqrt{e^2-1}) \rightarrow z = \underline{2n\pi - i\ln(e \pm \sqrt{e^2-1})}$$

[3.6] (1) $\sqrt{2i} = \sqrt{2e^{(\pi/2+2n\pi)i}} = \sqrt{2}e^{(\pi/4+n\pi)i} \rightarrow \sqrt{2}e^{\pi i/4} = \underline{1+i}$

(2) $(1-i)^{2/3} = (\sqrt{2}e^{(7\pi/4+2n\pi)i})^{2/3} \rightarrow \sqrt[3]{4}e^{7\pi i/6} = \sqrt[3]{4}(-1/2 - \sqrt{3}i/2) = \underline{-\frac{\sqrt[3]{4}}{2}(1+\sqrt{3}i)}$

(3) $(1+i)^i = e^{i\log(1+i)} = e^{i(\ln 2 + (\pi/4+2n\pi)i)} \rightarrow e^{-(\pi/4+2n\pi)+i\ln 2}$
$= \underline{e^{-(\pi/4+2n\pi)}(\cos(\ln 2) + i\sin(\ln 2))}$

第 4 章

問 4.1 (1) $\int (z^3 - 2z)dz = \underline{\frac{z^4}{4} - z^2 + C}$

(2) $\int z^n dz = \underline{\frac{z^{n+1}}{n+1} + C}$

(3) $\int z\sin z\, dz = -z\cos z + \int \cos z\, dz = \underline{-z\cos z + \sin z + C}$

問 4.2 (1) $y = x - 1 (1 \leq x \leq 3), ds = \sqrt{2}dx$;
$\int_C xy^2 ds = \int_1^3 x(x-1)^2 \sqrt{2}dx = \sqrt{2}\left[x^4/4 - 2x^3/3 + x^2/2\right]_1^3$
$= \underline{20\sqrt{2}/3}$

(2) $x = \cos\theta, y = \sin\theta (0 \leq \theta \leq 2\pi), ds = d\theta$; $\int_C \frac{xds}{x^2+y^2} = \int_0^{2\pi} \cos\theta d\theta = \underline{0}$

問 4.3 $C_1: y = -1, z = x - i(-2 \leq x \leq 1), dz = dx; x = 1, z = 1 + iy(-1 \leq y \leq 2), dz = idy$;
$\int_{C_1} zdz = \int_{-2}^1 (x-i)dx + \int_{-1}^2 (1+yi)idy = [x^2/2 - ix]_{-2}^1 + i[iy^2/2 + y]_{-1}^2$
$= \underline{-3}$

$C_2: y = x + 1: z = x + (x+1)i(-2 \leq x \leq 1), dz = (1+i)dx$
$\int_{C_2} zdz = \int_{-2}^1 (x + (x+1)i)(1+i)dx = (1+i)[(1+i)x^2/2 + ix]_{-2}^1 = \underline{-3}$

問 4.4 正方形の 4 辺を $(0, 0)$ から反時計まわりに C_1, C_2, C_3, C_4 とすると
左辺 $= \int_{C_1} fdx + \int_{C_2} gdy + \int_{C_3} fdx + \int_{C_4} gdy$
$= 0 + \int_0^1 dy + \int_1^0 (-1)dx + 0 = 1 + 1 = 2$; 右辺 $= \int\int_S (1+1)dxdy = 2$

問 4.5 (1) $\int_1^i (z+1)^2 dz = [(z+1)^3/3]_1^i = \underline{(-10+2i)/3}$

(2) $\int_0^{1+i} ze^{z^2} dz = [e^{z^2}/2]_0^{1+i} = (e^{2i} - 1)/2 = \underline{(\cos 2 - 1)/2 + i(\sin 2)/2}$

問 4.6 (1) 特異点：$z = 1$; $\oint_C z/(z-1)dz = 2\pi i f(1) = \underline{2\pi i}$ $(f(z) = z)$

(2) 特異点：$z = 2$; $\oint_C dz/((z-2)(z-1)) = 2\pi i f(2) = \underline{2\pi i}$ $(f(z) = 1/(z-1))$

章末問題

[4.1] (1) $z = e^{i\theta}(0 \leq \theta \leq \pi), dz = ie^{i\theta}d\theta, \int_C |z|^2 dz = \int_0^\pi ie^{i\theta}d\theta = [e^{i\theta}]_0^\pi = \underline{-2}$

(2) $y = 2x - 1(0 \leq x \leq 2), z = x + i(2x-1), dz = (1+2i)dx$
$\int_C \text{Re}(z)dz = \int_0^2 x(1+2i)dx = (1+2i)[x^2/2]_0^2 = \underline{2(1+2i)}$

略　　解

[4.2] (1) $\int_{1+i}^{1-i} z^3 dz = [z^4/4]_{1+i}^{1-i} = \mathbf{0}$
(2) $\int_0^i \sinh z\, dz = [\cosh z]_0^i = \cosh i - \cosh 0 = \boxed{\cos 1 - 1}$
(3) $\int_{-\pi i}^0 z \cos z\, dz = [z \sin z]_{-\pi i}^0 - \int_{-\pi i}^0 \sin z\, dz = [z \sin z + \cos z]_{-\pi i}^0 = 1 + \pi \sinh \pi - \cosh \pi$

[4.3] (1) 特異点は $z = -1, f = \frac{z^3}{z-2}; \oint_C \frac{f(z)dz}{z+1} = 2\pi i f(-1) = \boxed{2\pi i/3}$
(2) 特異点は $z = 2, -1; \oint_C \frac{z^3 dz}{(z-2)(z+1)} = \frac{1}{3}\oint_C \frac{z^3 dz}{z-2} - \frac{1}{3}\oint_C \frac{z^3 dz}{z+1}$
$= (2\pi i/3)2^3 - (2\pi i/3)(-1)^3 = \boxed{6\pi i}$
(3) 積分路内の特異点は $z = -1$ だけなので (1) と同じく $\boxed{2\pi i/3}$

[4.4] $\log z$ の不定積分は $z \log z - z$ である．
(1) $[z \log z - z]_{\exp(0)}^{\exp(2\pi i)} = (2\pi i - 1) - (-1) = \boxed{2\pi i}$
(2) $[z \log z - z]_{\exp(\pi i/2)}^{\exp(-4\pi i + \pi/2)} = (i(-4\pi + \pi/2)i - i) - (i(\pi/2)i - i) = i(-4\pi i) = \boxed{4\pi}$

[4.5] $|S_n| = |\sum_{m=1}^n f(\zeta_m)\Delta z_m| \leq \sum_{m=1}^n |f(\zeta_m)||\Delta z_m| \leq M \sum_{m=1}^n |\Delta z_m|$ が成り立つが，$|\Delta z_m|$ は z_{m-1} と z_m を両端とする弦の長さである．したがって，右辺は点 $z_0, z_1, \cdots, z_n$ を通る折れ線の長さを表す．そこで，$|z_m|$ の最大値が 0 に近づくように $n \to \infty$ とすれば折れ線の長さは曲線の長さ L となり，また左辺は $\int_c f(z)dz$ になる．

第5章

問 5.1 (1) $1/R = \lim |a_{n+1}|/|a_n| = \lim((n+1)^3/3^{n+1})(3^n/n^3) = \lim(1+1/n)^3/3 \to 1/3; \boxed{R = 3}$
(2) $1/R = \lim(2n+2)!/((n+1)!)^2 \times (n!)^2/(2n)! = \lim(2n+2)(2n+1)/(n+1)^2 = 4; \boxed{R = 1/4}$
(3) $1/R = \overline{\lim}(n^{-n})^{1/n} = \overline{\lim} n^{-1} = 0; \boxed{R = \infty}$

問 5.2 (1) $f' = -\sin z, f'' = -\cos z, f^{(3)} = \sin z, \cdots; f(0) = 1, f'(0) = 0, f''(0) = -1, f^{(3)}(0) = 0, \cdots$
$\boxed{f(z) = 1 - z^2/2! + z^4/4! + \cdots}$
(2) $f' = \cosh z, f'' = \sinh z, f^{(3)} = \cosh z, \cdots; f(0) = 0, f'(0) = 1, f''(0) = 0, f^{(3)}(0) = 1, \cdots$
$\boxed{f(z) = z + z^3/3! + z^5/5! + \cdots}$

問 5.3 (1) $f = 1/(1-z^3) = \boxed{1 + z^3 + z^6 + z^9 + \cdots}$,
(2) $\boxed{f = z^2 - z^6/3! + z^{10}/5! - \cdots}$

問 5.4 (1) $f = 1 + (z^2 + z^3) + (z^2+z^3)^2 + \cdots = \boxed{1 + z^2 + z^3 + \cdots}$

(2) $f = \int_0^z (1 - t^2 + t^4/2 - \cdots)dt = [t - t^3/3 + t^5/10 - \cdots]_0^z = z - z^3/3$
$+z^5/10 - \cdots$

問 **5.5** (1) $0 < |z| < 1, f = (1/z)(1/(1-z)) = (1 + z + z^2 + \cdots)/z$
$= 1/z + 1 + z + \cdots$

(2) $f = 1/(z-1)(1/(1+z-1)) = (1 - (z-1) + (z-1)^2 - \cdots)/(z-1)$
$= 1/(z-1) - 1 + (z-1) - (z-1)^2 + \cdots$

問 **5.6** (1) $(1/z^3)(1/(1-z^3)) = (1 + z^3 + z^6 + \cdots)/z^3 = 1/z^3 + 1 + z^3 + \cdots$

(2) $(1/z^3)(z^2 - z^6/3! + z^{10}/5! - \cdots) = 1/z - z^3/3! + z^7/5! - \cdots$

問 **5.7** (1) $z = -1, 1$ 位の極; $z = -2, 2$ 位の極.

(2) $z = 0$ 真性特異点; $z = \infty$ 真性特異点.

章末問題

[5.1] (1) $1/R = \overline{\lim}|a_n|^{1/n} = \overline{\lim}|n^{-n}|^{1/n} = \overline{\lim}|n^{-1}| = 0; R = \infty$

(2) $1/R = \lim|a_{n+1}/a_n| = \lim 2^n(n+1)/(2^{n+1}(n+2)) = \lim(1 + 1/n)$
$/(2(1 + 2/n)) = 1/2; R = 2$

(3) $z^2 = w$ とおくと $\sum_{n=0}^{\infty}(-1)^n w^n/(2n)!, 1/R = \lim|(2n)!/(-1)^n$
$\times (-1)^{n+1}/(2n+2)!| = \lim 1/((2n+1)(2n+2)) = 0; w$ の収束半径
が ∞ なので z の収束半径も $R = \infty$

[5.2] (1) $1/R = \overline{\lim}|a_n/b^n|^{1/n} = (1/b)\overline{\lim}|a_n|^{1/n} = 1/(br); R = br$

(2) $1/R = \lim|a_{n+1}/a_n|^2 = 1/r^2; R = r^2$

(3) $\sum_{n=0}^{\infty} a_n z^{4n} = \sum_{m=0}^{\infty} b_m z^m$ とおく; $m = 4n$ のとき $b_m = a_n$ それ以外
で $b_m = 0; 1/R = \overline{\lim}(b_m)^{1/m} = \overline{\lim}|a_n|^{1/(4n)} = r^{-1/4}; R = r^{1/4}$

[5.3] (1) $1/\sqrt{1-z^2} = 1/(1+(-z^2))^{1/2} = 1 - (1/2)(-z^2) + (1/2!)(1/2)(3/2)$
$(-z^2)^2 + \cdots = 1 + z^2/2 + (z^4/2!)(1 \cdot 3)/2^2 + \cdots = \sum_{n=0}^{\infty}(2n)!z^{2n}$
$/(2^{2n}(n!)^2)$

$\sin^{-1} z = \int_0^z 1/\sqrt{1-t^2}dt = z + (1/(2 \cdot 3))z^3 + \cdots = \sum_{n=0}^{\infty}(2n)!z^{2n+1}$
$/(2^{2n}(n!)^2(2n+1))$

[5.4] (1) $\sinh(2z) = (2z)/1! + (2z)^3/3! + (2z)^5/5! + \cdots$

(2) $1/z^2 = 1/(1-(z+1))^2 = (1 + (z+1) + (z+1)^2 + \cdots)^2 = 1 + 2(z+1)$
$+ 3(z+1)^2 + 4(z+1)^3 + \cdots$

(3) $\sqrt{z} \int_0^z \frac{t - t^3/3! + t^5/5! - \cdots}{\sqrt{t}} dt = \sqrt{z} \int_0^z (t^{1/2} - t^{5/2}/3! + t^{9/2}/5! - \cdots) dt$
$= 2z^2/3 - 2z^4/(7 \cdot 3!) + 2z^6/(11 \cdot 5!) - 2z^8/(15 \cdot 7!) + \cdots$

[5.5] (1) $1/(z^2(z+3)) = 1/(3z^2) \times 1/(1+z/3) = 1/(3z^2) \times (1 - z/3 + z^2/3^2 - \cdots)$
$= 1/(3z^2) - 1/(3^2 z) + 1/3^3 - z/3^4 + \cdots$

略解

(2) $\sin z/(z-\pi)^2 = -\sin(z-\pi)/(z-\pi)^2 = -((z-\pi)-(z-\pi)^3/3!+\cdots)/(z-\pi)^2 = \boxed{-1/(z-\pi)+(z-\pi)/3!-(z-\pi)^3/5!+\cdots}$

(3) $z^3 e^{-1/z^2} = z^3(1-1/z^2+1/(2!z^4)-\cdots)$
$= \boxed{z^3 - z + 1/(2!z) - 1/(3!z^2) + \cdots}$

[5.6] $1/((1+z)(1-2z)) = (1/(1+z)+2/(1-2z))/3$ を利用する.

(1) $f = \frac{1}{3z}\frac{1}{1+1/z} - \frac{1}{3z}\frac{1}{1-1/(2z)} = ((1-1/z+1/z^2-\cdots)$
$-(1+1/(2z)+1/(2z)^2+\cdots))/(3z)$
$= \boxed{-1/(2z^2)+1/(4z^3)-3/(8z^4)+5/(16z^5)-\cdots}$

(2) $f = \frac{1}{3}\frac{1}{1+z} - \frac{1}{3z}\frac{1}{1-1/(2z)} = ((1-z+z^2-z^3+\cdots)-(1+1/(2z)+1/(2z)^2+\cdots))/(3z) = \boxed{(\cdots -1/(2^2 z^3) - 1/(2z^2) - 1 + z - z^2 - \cdots)/3}$

(3) $f = (2/(1+2(z+1/2))+1/(1-(z+1/2)))/3 = \{2/(1+2(z+1/2))+1/(1-(z+1/2))\}/3 = \{2-4(z+1/2)+8(z+1/2)^2-\cdots+1+(z+1/2)+(z+1/2)^2+\cdots\}/3 = \boxed{1-(z+1/2)+3(z+1/2)^2-5(z+1/2)^3+\cdots}$

第 6 章

問 **6.1** (1) 特異点 ± 1; $\mathrm{Res}(1) = \lim_{z\to 1}(z-1)/(z^2-1) = 1/2$; $\mathrm{Res}(-1) = \lim_{z\to -1}(z+1)/(z^2-1) = \boxed{-1/2}$

(2) 特異点 0; $(1+z+z^2/2!+\cdots)/z^2 = 1/z^2+1/z+1/2!+z/3!+\cdots$; 留数 $\boxed{1}$

(3) 特異点 0; $(z-z^3/3!+z^5/5!-\cdots)/z^3 = 1/z^2-1/3!+\cdots$; 留数 $\boxed{0}$

問 **6.2** (1) $\oint_C \frac{dz}{z^2-1} = 2\pi i \mathrm{Res}(1) = 2\pi i \lim_{z\to 1}(z-1)/(z^2-1) = \boxed{\pi i}$

(2) $\oint_C \frac{z^2 dz}{(z-2)^2} = 2\pi i \mathrm{Res}(2) = 2\pi i \lim_{z\to 2} dz^2/dz = \boxed{8\pi i}$

問 **6.3** $z = e^{i\theta}, d\theta = dz/iz, \cos\theta = (z+1/z)/2, \sin\theta = (z-1/z)/(2i)$

(1) $I = \oint_C \frac{1}{(2+(z+1/z)/2)}\frac{dz}{iz} = \frac{2}{i}\oint \frac{dz}{z^2+4z+1} = 4\pi \mathrm{Res}(-2+\sqrt{3}) = \boxed{2\pi/\sqrt{3}}$

(2) $I = \oint \frac{(z+1/z)/2}{2+(z-1/z)/2i}\frac{dz}{iz} = \oint \frac{z^2+1}{z^2+4iz-1}\frac{dz}{z} = 2\pi i\{\mathrm{Res}(0)+\mathrm{Res}((-2+\sqrt{3})i\} = 2\pi i[-1+\{-(-2+\sqrt{3})^2+1\}/\{(-2+\sqrt{3})i\times((-2+\sqrt{3})i+(2+\sqrt{3})i)\}] = \boxed{0}$

問 **6.4** C として図 6.2 の積分路をとる.

(1) $\int_{-\infty}^{\infty}\frac{dx}{x^2+x+1} = \oint_C \frac{dz}{z^2+z+1} = 2\pi i\mathrm{Res}\left(\frac{-1+\sqrt{3}i}{2}\right) = \frac{2\pi i}{\sqrt{3}i} = \boxed{\frac{2\pi}{\sqrt{3}}}$

(2) $I = \frac{1}{2}\int_{-\infty}^{\infty}\frac{dx}{x^2+4} = \frac{1}{2}\oint_C \frac{dz}{z^2+4} = \pi i\mathrm{Res}(2i) = \boxed{\frac{\pi}{4}}$

問 **6.5** C として図 6.2 の積分路をとる.

(1) $\int_{-\infty}^{\infty}\frac{\cos x\, dx}{x^2+4} = \mathrm{Re}\oint_C \frac{e^{iz}dz}{z^2+4} = \mathrm{Re}(2\pi i\mathrm{Res}(2i)) = \boxed{\frac{\pi e^{-2}}{2}}$

(2) $\int_{-\infty}^{\infty}\frac{\cos x\, dx}{(x^2+1)^2} = \mathrm{Re}\oint_C \frac{e^{iz}dz}{(z^2+1)^2} = \mathrm{Re}(2\pi i\mathrm{Res}(i))$
$= \mathrm{Re}(2\pi i\lim_{z\to i}d/dz(e^{iz}/(z+i)^2)) = \boxed{\pi e^{-1}}$

問 **6.6** $0 = \oint_C e^{-z^2} dz = \int_{-R}^{R} e^{-x^2} dx + \int_0^1 e^{-(R+iy)^2} dy + \int_1^0 e^{-(-R+iy)^2} dy$
$+ \int_R^{-R} e^{-(x+ai)^2} dx \to \int_{-\infty}^{\infty} e^{-x^2} dx - e^{a^2} \int_{-\infty}^{\infty} (e^{-x^2} \cos 2ax$
$- ie^{-x^2} \sin 2ax) dx = \sqrt{\pi} - e^{a^2} \int_{-\infty}^{\infty} e^{-x^2} \cos 2ax dx; I = \sqrt{\pi} e^{-a^2}$

章末問題

[6.1] (1) 1位の極 $z = i/2, \lim_{z \to i/2} z(z - i/2)/(2z - i) = \boxed{i/4}$
(2) 1位の極 $z = 2, \pm 4; \text{Res}(2) = -1/12, \text{Res}(4) = 3/16, \text{Res}(-4) = \boxed{5/48}$
(3) $\lim_{z \to 0}(z/\sin z) = \lim_{z \to 0}(z/(z - z^3/3! + \cdots)) = \boxed{1}$
(4) $e^{z^2}/z^5 = (1 + z^2 + z^4/2 + \cdots)/z^5 = 1/z^5 + 1/z^3 + 1/(2z) + \cdots \to \boxed{1/2}$

[6.2] (1) $\oint_c = 2\pi i(\text{Res}(0) + \text{Res}(-1)) = 2\pi i(1 - 1) = \boxed{0}$
(2) $I = \oint \tan 2z dz = 2\pi i(\text{Res}(\pi/4) + \text{Res}(-\pi/4)); 2(z - \pi/4) = w$ とおい
て $\text{Res}(\pi/4) = \lim_{z \to \pi/4}(z - \pi/4)\sin(2z)/\cos(2z) = -\lim_{w \to 0}(w/2)$
$\times \cos w/\sin w = -1/2$
同様に $\text{Res}(-\pi/4) = -1/2; I = 2\pi i(-1/2 - 1/2) = \boxed{-2\pi i}$
(3) $I = 2\pi i(\text{Res}(1) + \text{Res}(\omega) + \text{Res}(\omega^2)) = 2\pi i(-1/3 - 1/(3\omega) - \omega/3) = \boxed{0}$

[6.3] (1) $\int_\pi^{2\pi} \frac{d\theta}{1+\sin^2\theta} = \int_0^\pi \frac{d\xi}{1+\sin^2\xi}; (\xi = \theta - \pi)$ より
$\int_0^\pi \frac{d\theta}{1+\sin^2\theta} = \frac{1}{2}\int_0^{2\pi} \frac{d\theta}{1+\sin^2\theta} = \frac{1}{2}\oint_C \frac{dz}{iz(1+(z-1/z)^2/(2i)^2)}$
$= \frac{2}{i}\oint_C \frac{zdz}{(2z-z^2+1)(2z+z^2-1)} = 4\pi(\text{Res}(1-\sqrt{2}) + \text{Res}(-1+\sqrt{2}))$
$= 4\pi(1/(8\sqrt{2}) + 1/(8\sqrt{2})) = \boxed{\sqrt{2}\pi/2}$
(2) $I = \oint_C \frac{2}{1+a(z-1/z)/2i}\frac{dz}{2iz} = \frac{2}{a}\oint_C \frac{dz}{z^2+2iz/a-1} = \frac{4\pi i}{a}\text{Res}((-1+\sqrt{1-a^2})i/a) = \boxed{\dfrac{2\pi}{\sqrt{1-a^2}}}$

[6.4] C として図6.2の積分路をとる.
(1) $\oint_C \frac{dz}{(z^2+1)^3} = 2\pi i \text{Res}(i) = \pi i \lim_{z \to i}\frac{d^2}{dz^2}\frac{1}{(z+i)^3} = \boxed{\dfrac{3\pi}{8}}$
(2) $I = \frac{1}{2}\int_{-\infty}^{\infty} \frac{x \sin x dx}{x^2+1} = \frac{1}{2}\text{Im}\oint_C \frac{ze^{iz}dz}{z^2+1} = \frac{1}{2}\text{Im}2\pi i\text{Res}(i)$
$= \frac{1}{2}\text{Im}(2\pi i \lim_{z \to i} ze^{iz}/(z+i)) = \boxed{\pi/(2e)}$

[6.5] $0 = \oint_C e^{iz^2} dz = \int_0^R e^{ix^2} dx + \int_{C_2} e^{iz^2} dz + e^{\pi i/4}\int_R^0 e^{-r^2} dr$
ただし、積分路内に特異点がないことを用い、また C_3 上の積分では $z = re^{\pi i/4}$ とおいた. C_2 上の積分は $z = Re^{i\theta}$ とおき $\sin 2\theta \geq 4\theta/\pi (0 \leq \theta \leq \pi/4)$ を用いて
$\left|\int_{C_2} e^{iz^2} dz\right| \leq \int_0^{\pi/4}\left|Re^{iz^2}\right|d\theta = R\int_0^{\pi/4} e^{-R^2\sin 2\theta}d\theta < R\int_0^{\pi/4} e^{-4R^2\theta/\pi}d\theta$
$= \frac{\pi(1-e^{-R^2})}{4R} \to 0$ ゆえに $R \to \infty$ のとき $\int_0^\infty \cos(x^2)dx = \int_0^\infty \sin(x^2)dx = \frac{1}{\sqrt{2}}\int_0^\infty e^{-r^2} dr = \dfrac{\sqrt{2\pi}}{4}$

略　解　　　　　　　　　　　　　　　161

第 7 章

問 7.1 (1) $u+iv = (x+iy)^2-(x+iy) = (x^2-y^2-x)+i(2xy-y); (x-1/2)^2-y^2 = c, 2y(x-1/2) = d; x-1/2 = X$ とおけば互いに直交する双曲線群.

(2) $u+iv = 1/(x+iy-1) = (x-1-iy)/((x-1)^2+y^2); (x-1)^2+y^2-c(x-1) = 0, x^2+y^2+dy = 0; (1,0)$ をとおり x 軸上に中心をもつ円群と $(0,0)$ をとおり y 軸上に中心をもつ円群

(3) $z = re^{i\theta}; u+iv = \ln r + i\theta; \ln r = c \to x^2+y^2 = e^{2C}; \theta = \tan^{-1} y/x = d \to y = (\tan d)x$; 原点中心の円群と原点をとおる直線群

問 7.2 略

問 7.3 (1) $(w-1)/(w-1/3) \times (1/2-1/3)/(1/2-1) = (z-0)/(z-2) \times (1-2)/(1-0)$
$\to (w-1)/(3w-1) = z/(z-2) \to w = 1/(z+1)$

(2) $(w-\infty)/(w-1) \times (0-1)/(0-\infty) = (z-0)/(z-\infty) \times (1-\infty)/(1-0)$
$\to -1/(w-1) = z \to w = (z-1)/z$

問 7.4 $\sin(z+\pi/2) = \sin z \cos \frac{\pi}{2} + \cos z \sin \frac{\pi}{2} = \cos z \to$ 本文で述べた $\sin z$ による写像を左へ $\pi/2$ 平行移動したもの.

章末問題

[7.1] 3 つの複素数のなす角 $\theta = \angle\alpha\gamma\beta$ および角 $\omega = \angle\alpha\delta\beta$ は $\theta = \arg(\gamma-\alpha)/(\gamma-\beta), \omega = \arg(\gamma-\alpha)/(\gamma-\beta)$ である. 同一円周上にあれば, $\theta = \omega$ または $\theta+\omega = \pi$, 前者の場合, $\theta-\omega = \arg((\gamma-\alpha)/(\gamma-\beta)) - \arg((\gamma-\alpha)/(\gamma-\beta)) = 0$ より k を実数として $(\gamma-\alpha)/(\gamma-\beta) = k(\gamma-\alpha)/(\gamma-\beta)$, 後者も同様. 逆に $(\gamma-\alpha)/(\gamma-\beta) = k(\gamma-\alpha)/(\gamma-\beta)$ ならば, $\theta = \omega$ または $\theta+\omega = \pi$ で 4 点は同一円周または同一直線上にある.

[7.2] (1) $w-wz = 1+z; |z| = |(w-1)/(w+1)| < 1 \to |w-1| < |w+1|$ より 右半平面

(2) $z = re^{i\theta}, r < 1$ とおくと $w = \frac{1}{2}(r+1/r)\cos\theta + \frac{i}{2}(r-1/r)\sin\theta; r = 1$ のとき $w = \cos\theta$ で実軸の -1 と 1 の間, $r \neq 1$ のとき $u^2/(r+1/r)^2 + v^2/(1/r-r)^2 = 1/4$ となり軸が $(r+1/r)/2$ と $(1/r-r)/2$ のだ円群を表すが $1/r-r$ は $r < 1$ のときすべての正数をとるため 実軸の -1 と 1 の間の部分を除く全平面

[7.3] $(w-0)/(w-(1-i)) \times (2i-(1-i))/(2i-0) = (z+1)/(z-(1+i)) \times (i-(1+i))/(i+1)$
$\to w = (1-i)(z+1)/(2(1+i)z+2-3i)$

[7.4] 逆関数については $w = (az+b)/(cz+d)$ を z について解くと $z = (-dw+b)/(cw-a)$ であり $ad-bc \neq 0$ であるから 1 次関数になる. 合成関数については

$u = (pw+q)/(rw+s) = \{(ap+qc)z+pb+qd\}/\{(ar+cs)z+br+ds\}$ であり $ps-qr \neq 0$ より $(ap+qc)(br+ds)-(pb+qd)(ar+cs) = (ad-bc)(ps-qr) \neq 0$

[7.5]

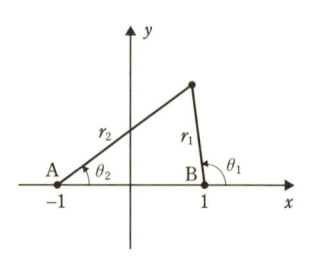

$z-1 = r_1 e^{i\theta_1}, z+1 = r_2 e^{i\theta_2}$ として与式に代入すると（図参照）$w = u+iv = \ln(r_1/r_2) + i(\theta_1 - \theta_2)$ より，$u = \ln(r_1/r_2), v = \theta_1 - \theta_2$ となる．u が一定の直線は x 軸に中心をもつアポロニウスの円，v が一定の直線は図の AB を見込む角が一定なので y 軸に中心をもつ円になる．したがって w 面の直交格子は直交する円群に写像される．特に $v = 0$ は $\theta_1 = \theta_2$ に対応するため，x 軸の $x \geq 1, x \leq -1$ の部分，$v = \pi$ は $\theta_1 - \theta_2 = \pi$ に対応するため，x 軸の $-1 \leq x \leq 1$ の部分に写像される．また $v \geq 0$ は $\theta_1 \geq \theta_2$ に対応するため，上半面になる．

第 8 章 章末問題

[8.1] $u = \psi_y = r_y \psi_r + \theta_y \psi_\theta = \sin\theta \psi_r + (\cos\theta/r)\psi_\theta$
$v = -\psi_x = -r_x \psi_r - \theta_x \psi_\theta = -\cos\theta \psi_r + (\sin\theta/r)\psi_\theta$
(2 章の章末問題 [2.5] 参照)
$v_r = u\cos\theta + v\sin\theta = (\sin\theta \psi_r + (\cos\theta/r)\psi_\theta)\cos\theta - (\cos\theta \psi_r - (\sin\theta/r)\psi_\theta) \times \sin\theta = \psi_\theta/r$, $v_\theta = -u\sin\theta + v\cos\theta = -(\sin\theta \psi_r + (\cos\theta/r)\psi_\theta)\sin\theta + (-\cos\theta \psi_r + (\sin\theta/r)\psi_\theta)\cos\theta = -\psi_r$

[8.2] $u = -a\Omega \sin\theta = -\Omega y, v = a\Omega \cos\theta = \Omega x$ より
$\omega = v_x - u_y = \Omega + \Omega = 2\Omega$

[8.3] A 点の圧力を p_A とすれば B 点の圧力は $p_A + p$，また A, B 点の流速を v_A, v_B とすれば質量の保存から $\pi a^2 v_A = \pi b^2 v_B$ となり，$v_B = (a^2/b^2)v_A$．ベルヌーイの定理から $\rho v_A^2/2 + p_A = \rho(a^2/b^2)^2 v_A^2/2 + p_A + p$ したがって $v_A = \sqrt{2pb^4/(\rho(b^4-a^4))}$

[8.4] 複素速度ポテンシャルから円柱の表面での速度を計算すれば $v_r = 0, v_\theta = -2U\sin\theta + \Gamma/(2\pi a)$ となりベルヌーイの定理から $p_\infty + \rho U^2/2 = p +$

$\rho(-2U\sin\theta+\Gamma/(2\pi a))^2/2$ となる.したがって $p = p_\infty + \rho(U^2 - \Gamma^2/(4\pi^2 a^2))/2 + \rho U \Gamma \sin\theta/(\pi a) - 2\rho U^2 \sin^2\theta$ となり,式 (8.20) に代入して計算すれば $D = 0, L = -\rho U \Gamma$ となる.

索引

ア 行

1次関数　117
1次写像　117
一様流　137
一般のべき関数　45

渦糸　139
渦度　134
渦なし流れ　135

円円対応　118
円柱まわりの流れ　140

オイラーの公式　29

カ 行

解析接続　84
解析的　22
ガウス平面　4
完全流体　134

幾何級数　81
逆関数の微分法　24
境界値問題　124
共形写像　117
鏡像の位置　120
鏡像の原理　120
共役複素数　2
極　91
　──の位数　91
極形式　4
極座標　4
虚数　1
虚数単位　1
虚数部　2

虚部　2

グールサの証明　146
クッタ・ジューコフスキーの定理　144
グリーンの公式　55

原始関数　47

合成関数の微分法　24
抗力　141
コーシー・アダマールの方法　77
コーシーの積分公式　65
コーシーの積分定理　56
コーシー・リーマンの方程式　19
孤立特異点　90

サ 行

三角関数　33
三角不等式　6

指数関数　28
実数部　2
実部　2
質量の保存法則　131
周回積分　52
集積特異点　92
収束円　75
収束半径　75
主値　5
主要部　91
循環　136
純虚数　1
除去可能な特異点　91
ジョルダンの補助定理　104
真性特異点　91

索引

正則　22
正則関数　22
正則点　22
絶対値　2
線積分　49

双曲線関数　32
速度ポテンシャル　135

タ 行

代数学の基本定理　71
対数関数　42
　——の主値　43
対数的分岐点　44
代数的分岐点　42
多価関数　42
多重連結領域　54
ダランベールのパラドックス　142
ダランベールの方法　77
単連結領域　54

置換積分　48
直角を回る流れ　138

テイラー展開　79

等角写像　117
導関数　18
特異点　22, 85
ド・モアブルの定理　9

ナ 行

流れ関数　132

2価関数　37
2項展開　93
2重連結領域　54

ハ 行

微分可能　18
微分係数　18

複素数　2
複素数列　10
複素速度　135
複素速度ポテンシャル　135
複素平面　4
不定積分　62
部分積分　48
部分和　74
ブラジウスの公式　143
分岐線　39
分岐点　38
分数べき関数　39

べき級数　74
ベルヌーイの定理　141
ヘルムホルツの渦定理　134
偏角　4

マ 行

無限多価関数　43
無限遠点　11

モレラの定理　56

ヤ 行

有理関数　26

揚力　141

ラ 行

ラプラシアン　125
ラプラス方程式　124

リーマン球面　12
リーマン面　39
留数　95
　——の求め方　96
留数定理　96
流量　132
リュービルの定理　71

連続の式　132

165

ロピタルの定理　99
ローラン展開　88

ワ　行

わき出し　136, 138

著者略歴

河村哲也 (かわむら・てつや)
1954年　京都府に生まれる
1981年　東京大学大学院工学系研究科博士課程退学
現　在　お茶の水女子大学大学院人間文化研究科教授
　　　　工学博士

理工系の数学教室 2
複素関数とその応用　　定価はカバーに表示

2004年9月20日　初版第1刷

著　者　河　村　哲　也
発行者　朝　倉　邦　造
発行所　株式会社　朝　倉　書　店

東京都新宿区新小川町6-29
郵便番号　162-8707
電　話　03(3260)0141
ＦＡＸ　03(3260)0180
http://www.asakura.co.jp

〈検印省略〉

© 2004〈無断複写・転載を禁ず〉　　東京書籍印刷・渡辺製本

ISBN 4-254-11622-5　C 3341　　Printed in Japan

T.H.サイドボサム著　前京大一松　信訳

はじめからの すうがく事典

11098-7 C3541　　　　B5判 504頁 本体8800円

数学の基礎的な用語を収録した五十音順の辞典。図や例題を豊富に用いて初学者にもわかりやすく工夫した解説がされている。また、ふだん何気なく使用している用語の意味をあらためて確認・学習するのに好適の書である。大学生・研究者から中学・高校の教師、数学愛好家まであらゆるニーズに応える。巻末に索引を付して読者の便宜を図った。〔項目例〕1次方程式、因数分解、エラトステネスの篩、円周率、オイラーの公式、折れ線グラフ、括弧の展開、偶関数、他

理科大 鈴木増雄・中大 香取眞理・東大 羽田野直道・
物質材料研究機構 野々村禎彦訳

科学技術者のための 数学ハンドブック

11090-1 C3041　　　　A5判 570頁 本体14000円

理工系の学生や大学院生にはもちろん、技術者・研究者として活躍している人々にも、数学の重要事項を一気に学び、また研究中に必要になった事項を手っ取り早く知ることのできる便利で役に立つハンドブック。〔内容〕ベクトル解析とテンソル解析／常微分方程式／行列代数／フーリエ級数とフーリエ積分／線形ベクトル空間／複素関数／特殊関数／変分法／ラプラス変換／偏微分方程式／簡単な線形積分方程式／群論／数値的方法／確率論入門／(付録)基本概念／行列式その他

G.ジェームス／R.C.ジェームス編
前京大一松　信・東海大 伊藤雄二監訳

数　学　辞　典

11057-X C3541　　　　A5判 664頁 本体23000円

数学の全分野にわたる、わかりやすく簡潔で実用的な用語辞典。基礎的な事項から最近のトピックスまで約6000語を収録。学生・研究者から数学にかかわる総ての人に最適。定評あるMathematics Dictionary(VNR社、最新第5版)の翻訳。付録として、多国語索引(英・仏・独・露・西)、記号・公式集などを収載して、読者の便宜をはかった。〔項目例〕アインシュタイン／亜群／アフィン空間／アーベルの収束判定法／アラビア数字／アルキメデスの螺線／鞍点／e／移項／位相空間／他

藤田　宏・柴田敏男・島田　茂・竹之内脩・寺田文行・
難波完爾・野口　廣・三輪辰郎訳

図　説　数　学　の　事　典

11051-0 C3541　　　　A5判 1272頁 本体40000円

二色刷りでわかりやすく、丁寧に解説した総合事典。〔内容〕初等数学(累乗と累乗根の計算、代数方程式、関数、百分率、平面幾何、立体幾何、画法幾何、3角法)／高度な数学への道程(集合論、群と体、線形代数、数列・級数、微分法、積分法、常微分方程式、複素解析、射影幾何、微分幾何、確率論、誤差の解析)／いくつかの話題(整数論、代数幾何学、位相空間論、グラフ理論、変分法、積分方程式、関数解析、ゲーム理論、ポケット電卓、マイコン・パソコン)／他

数学オリンピック財団 野口　廣監修
数学オリンピック財団編

数学オリンピック事典
　　　―問題と解法―　〔基礎編〕〔演習編〕

11087-1 C3541　　　　B5判 864頁 本体18000円

国際数学オリンピックの全問題の他に、日本数学オリンピックの予選・本戦の問題、全米数学オリンピックの本戦・予選の問題を網羅し、さらにロシア(ソ連)・ヨーロッパ諸国の問題を精選して、詳しい解説を加えた。各問題は分野別に分類し、易しい問題を基礎編に、難易度の高い問題を演習編におさめた。基本的な記号、公式、概念など数学の基礎を中学生にもわかるように説明した章を設け、また各分野ごとに体系的な知識が得られるような解説を付けた。世界で初めての集大成

奈良女大 山口博史著
応用数学基礎講座 5
複　素　関　数
11575-X C3341　　　　　A 5 判 280頁 本体4500円

多数の図を用いて複素関数の世界を解説。複素多変数関数論の入門として上空移行の原理に触れ,静電磁気学を関数論的手法で見直す。〔内容〕ガウス平面／正則関数／コーシーの積分表示／岡潔の上空移行の原理／静電磁場のポテンシャル論

阪大 難波　誠著
すうがくぶっくす10
複　素　関　数 三幕劇
11470-2 C3341　　　　　A 5 変判 296頁 本体4500円

応用が広範囲な複素関数の理論を,バレー劇「白鳥の湖」になぞらえながら,具体的関数への熱き想いを説き語る力作。〔内容〕レムニスケート関数＝夜の湖のほとりで／解析関数＝華麗なる舞踏会／保型関数と非ユークリッド幾何学＝魔の世界

上智大 加藤昌英著
講座　数学の考え方 9
複　素　関　数　論
11589-X C3341　　　　　A 5 判 232頁 本体3800円

集合と位相に関する準備から始めて、1 変数正則関数の解析的および幾何学的な側面を解説.多数の演習問題には詳細な解答を付す.〔内容〕複素数値関数／正則関数／コーシーの定理／正則関数の性質／正則関数と関数の特異点／正則写像

前京大 藤家龍雄著
数理科学ライブラリー 6
複　素　解　析　学
11416-8 C3341　　　　　A 5 判 212頁 本体3600円

複素関数の理論への入門書で,基本的概念の十分な説明に力点をおき,関数の正則性,写像としての等角性,コーシーの積分定理や調和関数の定義など段階をおっていろいろ異なる視点から解説。例題,演習問題についても配慮されている

前東工大 志賀浩二著
数学30講シリーズ 6
複　素　数　30　講
11481-8 C3341　　　　　A 5 判 232頁 本体3400円

〔内容〕負数と虚数の誕生まで／向きを変えることと回転／複素数の定義／複素数と図形／リーマン球面／複素関数の微分／正則関数と等角性／ベキ級数と正則関数／複素積分と正則性／コーシーの積分定理／一致の定理／孤立特異点／留数／他

同大 堀内龍太郎・同大 水島二郎・岡山大 柳瀬眞一郎・岡山大 山本恭二著
理工学のための 応用解析学 1
―常微分方程式・複素関数―
11083-9 C3041　　　　　A 5 判 248頁 本体3200円

理工系大学の初年級において初めて応用数学を学ぶ学生のために,以下の内容を例題や応用例を豊富にあげながら,やさしく,わかりやすく解説。章末には演習問題を掲載し,具体的に把握できるように配慮。〔内容〕常微分方程式／複素関数

前名大 桑原真二・名大 金田行雄著
応　用　数　学　概　論
11061-8 C3041　　　　　A 5 判 224頁 本体2800円

大学工学系に学ぶ学生にとって必要な応用数学の知識を,少ない単位数で修得できるようテーマを絞って詳説。現場での応用にスムーズに移行できるよう,とくに考え方の筋道を重視した。〔内容〕ベクトル解析／複素解析／常微分方程式

赤井　逸・弥永　学・栗山　憲・柳瀬眞一郎・山本恭二・小島政利著
理工学のための 応　用　数　学　演　習
11049-9 C3041　　　　　A 5 判 232頁 本体3600円

大学理工系の初年級学生を対象にして,複素変数関数論の大要をきわめて平易に解説したテキスト〔内容〕複素数／複素関数／複素関数の微分／関数の積分／テイラー展開と解析接続／ローラン展開と特異点／定積分への応用／等角写像／他

元東海大 篠崎寿夫・東海大 富山薫順編著
工学のための 応　用　関　数　論
11007-3 C3041　　　　　A 5 判 208頁 本体3500円

大学工学系3,4 年生を対象として,その大要を工学的立場から応用的な例題を豊富に取り入れてできるだけ平易に解説した好テキスト。〔内容〕複素数が生まれるまで／複素関数／複素関数の微分／複素積分／解析関数の性質／複素積分の応用

大工大 二宮春樹著
応　用　解　析　の　基　礎
11065-0 C3041　　　　　A 5 判 208頁 本体3000円

理工系の大学でそれぞれの専門課程で必要とされる微分方程式の解き方を,例題を中心にしてわかりやすく解説。応用上重要な 2 階偏微分方程式,ベクトル解析,複素積分についても取り上げた。〔内容〕微分方程式／フーリエ解析／基本定理

お茶の水大 河村哲也著
シリーズ〈理工系の数学教室〉1
常微分方程式
11621-7 C3341　　A5判 180頁 本体2800円

物理現象や工学現象を記述する微分方程式の解法を身につけるための入門書。例題，問題を豊富に用いながら，解き方を実践的に学べるよう構成。〔内容〕微分方程式／2階微分方程式／高階微分方程式／連立微分方程式／記号法／級数解法／付録

お茶の水大 河村哲也著
応用数値計算ライブラリ
流体解析 I （FD付）
11402-8 C3341　　A5判 180頁 本体4800円

数値流体力学の基本から，基礎的プログラムを通して実践的な理解ができることを意図したもの。〔内容〕常微分方程式の差分解法／線形偏微分方程式の差分解法／非圧縮性N-S方程式の差分解法／熱と乱流／座標変換と格子生成／流れの計算

河村哲也・渡辺好夫・高橋聡志・岡野 覚著
応用数値計算ライブラリ
流体解析 II （FD付）
11403-6 C3341　　A5判 200頁 本体5500円

Iの続編とし，より具体的な記述で本格的ソフトウェア開発を目指す。〔内容〕MAC法による3次元流れの解析／圧縮性N-S方程式の差分解法／2次元一般座標系による流れ・熱・拡散解析ソフトウェア／市販汎用流階解析ソフトウェア／付録

お茶の水大 河村哲也編著
環境流体シミュレーション
〔CD-ROM付〕
18009-8 C3040　　A5判 212頁 本体4700円

地球温暖化，砂漠化等の環境問題に対し，空間・時間へスケールの制約を受けることなく，結果を予測し対策を講じる手法を詳述。〔内容〕流体力学／数値計算法／環境流体シミュレーションの例／火災旋風／風による砂の移動／計算結果の可視化

前東工大 志賀浩二著
はじめからの数学1
数 に つ い て
11531-8 C3341　　B5判 152頁 本体3500円

数学をもう一度初めから学ぶとき"数"の理解が一番重要である。本書は自然数，整数，分数，小数さらには実数までを述べ，楽しく読み進むうちに十分深い理解が得られるように配慮した数学再生の一歩となる話題の書。【各巻本文二色刷】

前東工大 志賀浩二著
はじめからの数学2
式 に つ い て
11532-6 C3341　　B5判 200頁 本体3500円

点を示す等式から，範囲を示す不等式へ，そして関数の世界へ導く「式」の世界を展開。〔内容〕文字と式／二項定理／数学的帰納法／恒等式と方程式／2次方程式／多項式と方程式／連立方程式／不等式／数列と級数／式の世界から関数の世界へ

前東工大 志賀浩二著
はじめからの数学3
関 数 に つ い て
11533-4 C3341　　B5判 192頁 本体3600円

'動き'を表すためには，関数が必要となった。関数の導入から，さまざまな関数の意味とつながりを解説。〔内容〕式と関数／グラフと関数／実数，変数，関数／連続関数／指数関数，対数関数／微分の考え／微分の計算／積分の考え／積分と微分

東大 福山秀敏・東大 小形正男著
基礎物理学シリーズ3
物 理 数 学 I
13703-6 C3342　　A5判 192頁 本体3500円

物理学者による物理現象に則った実践的数学の解説〔内容〕複素関数の性質／複素関数の微分と正則性／複素積分／コーシーの積分定理の応用／等角写像とその応用／ガンマ関数とベータ関数／量子力学と微分方程式／ベッセルの微分方程式／他

東大 塚田 捷著
基礎物理学シリーズ4
物 理 数 学 II
―対称性と振動・波動・場の記述―
13704-4 C3342　　A5判 260頁 本体4300円

様々な物理数学の基本的コンセプトを，総体として相互の深い連環を重視しつつ述べることを目的〔内容〕線形写像と2次形式／群と対称操作／群の表現／回転群と角運動量／ベクトル解析／変分法／偏微分方程式／フーリエ変換／グリーン関数他

静岡理工科大 志村史夫・静岡理工科大 小林久理眞著
〈したしむ物理工学〉
したしむ物理数学
22768-X C3355　　A5判 244頁 本体3500円

物理現象を定量的に，あるいは解析的に説明する道具としての数学を学ぶための書。図を多用した視覚的理解を重視し，自然現象を数学で語った書〔内容〕序論／座標／関数とグラフ／微分と積分／ベクトルとベクトル解析／線形代数／確率と統計

上記価格（税別）は 2004 年 8 月現在